智慧消防技术体系

ZHIHUI XIAOFANG JISHU TIXI

徐 放 主 编

中国计划出版社

北 京

图书在版编目（CIP）数据

智慧消防技术体系 / 徐放主编. -- 北京 ：中国计
划出版社，2023.4（2025.2重印）
ISBN 978-7-5182-1474-7

Ⅰ. ①智… Ⅱ. ①徐… Ⅲ. ①火灾自动报警②防火－
自动控制系统 Ⅳ. ①TU998.1

中国版本图书馆CIP数据核字(2022)第128415号

策划编辑：周　娜　　　　　责任编辑：张　颖　陈　杰
封面设计：韩可斌　　　　　责任校对：杨奇志
责任印制：李　晨　王亚军

中国计划出版社出版发行
网址：www.jhpress.com
地址：北京市西城区木樨地北里甲 11 号国宏大厦 C 座 4 层
邮政编码：100038　电话：（010）63906433（发行部）
北京天宇星印刷厂印刷

787mm×1092mm　　1/16　　8.5 印张　　206 千字
2023 年 4 月第 1 版　　2025 年 2 月第 3 次印刷

定价：32.00 元

编委会名单

主　编：徐　放

副主编：刘　濛　安震鹏　邢　翔

编　委：（按姓氏拼音排序）

前　言

近年来，随着信息技术的快速发展，城市信息化、智能化应用水平不断提升，智慧城市建设应运而生。同时，随着城市建设脚步的加快，高层建筑、地下空间、大型商业综合体、石油化工以及新技术、新材料、新业态发展迅猛，消防安全风险激增，加之社会公共消防基础力量薄弱、监管对象众多且复杂，消防工作承受了巨大压力，消防安全作为城市建设的重要一环，如何防范化解重大消防安全风险、应对处置各类灾害事故，就成为当今城市治理中的重点和难点问题。智慧消防作为智慧城市的重要组成部分，是提升人民幸福感和安全感的必然选择。

智慧消防是新一代信息技术与消防业务深度融合的变革，运用物联网、云计算、大数据、人工智能等新一代信息技术，立足于满足火灾防控"精准化"、消防救援"智能化"、执法工作"规范化"、队伍管理"精细化"的实际需求，通过全面感知、深度共享、协同融合、集成服务，实现"智慧感知、智慧防控、智慧执法、智慧指挥、智慧作战、智慧管理"，切实做到"事前提早感知，事发快速报警，事中辅助决策，事后调查评估"的全过程精细化和数字化，实现精细化动态管理和科学化高效处置，从而提高我国消防安全整体水平。

作者全面调研了国内外智慧消防的发展建设情况，对智慧消防技术体系和发展趋势进行了深入系统的研究。本书深入分析了智慧消防建设的背景与意义，全面细致介绍了智慧消防的关键技术、应用系统和管理体系，结合实际应用案例剖析智慧消防应用，最后阐述智慧消防技术未来发展趋势，以期为相关的研究工作提供参考。

本书是国内第一部系统介绍智慧消防技术体系的书籍。在本书的撰写过程中引用了应急管理部沈阳消防研究所多年来的研究成果，同时本书也是应急管理部消防救援局重点攻关科研计划项目"'智慧消防'总体架构和关键技术研究（2018XFGG14）"的析出成果，课题的参加单位清华大学合肥公共安全研究院和中国科学技术大学在本书的撰写过程中提供了大量的研究资料，各地消防救援队伍在业务指导和技术调研方面给予了大力支持和帮助，在此一并向他们表示感谢。

虽然作者在本书撰写过程中尽了自己最大的努力，但难免会有错误和疏漏，敬请读者批评指正。

编者

2023 年 2 月 1 日

目　　录

第 1 章　绪　　论

1.1　智慧消防技术的意义

近年来，随着信息技术的快速发展，城市信息化应用水平不断提升。智慧城市被认为是信息时代城市发展的方向，使城市发展更加和谐、更具活力，可为人民创造更加美好的生活。消防安全作为城市建设的重要一环，逐步形成与"智慧城市"相匹配的"智慧消防"。智慧消防是智慧城市消防建设与发展的重要表现形态，其体系结构与发展模式是智慧城市中消防在一个区域范围内的缩影。从智慧产品到智慧消防再到如今智慧城市的出现，表明智慧化已经渗透生活的方方面面。

站在新的历史方位，面对我国日益复杂的城市运行系统所导致的不断增长的城市安全风险，以及多发的火灾事故带来的安全风险，为贯彻落实习近平总书记关于应急管理系列重要论述，建立高效、科学的火灾防治体系，提高全社会消防安全治理和灭火救援的科学化、智能化、精细化水平，保护人民群众生命财产安全和国家安全提供有力保障，应大力推动智慧消防的建设与发展，破解可持续发展的难题，加速经济转型升级，提升消防安全。

智慧消防是提升新时代消防工作效能的现实需求，旨在推进消防安全治理体系和能力现代化建设。智慧消防是将物联网、4G/5G 网络、云计算、大数据、人工智能等新一代信息技术充分运用于消防各项工作中，将各个环节的人、物、事件连接起来，通过全面感知、深度共享、协同融合，优化消防管理和服务，提高资源运用的效率，实现精细化动态管理和科学化高效处置。目前，我国对"智慧消防"还没有明确统一的定义。智慧消防技术是先进技术手段和技术设备在城市消防与灾难救援中的重要应用，配合火灾风险感知、火警智能研判、智能接处警、智能指挥等专业应用，能够实现城市消防的全面智能化。智慧消防技术包含消防网络化、消防互通性、消防智能化、消防信息服务等，是实现消防智能化决策、社会化服务、差异化监管、精准化灭火、可视化管理等全程智能化的管理服务体系。

智慧消防技术能够满足火灾防控精准化、消防救援智能化、执法工作规范化、队伍管理精细化的实际需求，通过创新消防管理模式，实现智慧防控、智慧作战、智慧执法和智慧管理。智慧消防技术的应用能有效打通消防安全责任落实和消防救援科学处置的最后一公里，将消防社会化工作格局提升到一个新的高度，更加及时地应对处置各类灾害事故，是消防工作未来转型发展的支撑。

1.2　智慧消防技术的应用意义

智慧消防是智慧城市建设公共安全领域中不可或缺的部分，是智慧城市建设的突破口和亮点，它不仅能有效改善消防环境，提升全社会消防安全意识，还能彻底转变消防工作效能，提升消防安全治理能力和水平。因此，智慧消防技术的应用意义十分重要。

1. 新时期消防工作的现实需求

随着国家综合性消防救援队伍的建立，根据新时代消防工作的需求，智慧消防是新一代信息技术与消防业务深度融合的变革。各类消防业务的转变应立足于满足火灾防控精准化、消防救援智能化、执法工作规范化、队伍管理精细化的实际需求，通过全面感知、深度共享、协同融合、集成服务，实现"智慧感知、智慧防控、智慧执法、智慧指挥、智慧作战、智慧管理"，切实做到"事前提早感知，事发快速报警，事中态势研判，事后灾害评估"的全过程精细化和数字化，实现精细化动态管理和科学化高效处置，从而提高我国消防安全整体水平。

2. 提升智慧消防的管理能力

当前，以智能化为主导的全球新一轮科技革命蓬勃发展，5G 移动通信、物联网、区块链、大数据、人工智能、云计算、工业互联网等技术快速发展，天空地立体观测、无人机、智能机器人等先进装备不断涌现。这些新技术正不断与消防融合，通过建立高效科学的重大火灾事故防治体系，实现重大火灾事故风险"超前感知、智能预警、精准防控、高效救援"，支撑实现防灾、减灾、救灾体制机制从注重灾后救助向注重灾前预防转变，从应对单一灾种向综合减灾转变，从减少灾害损失向减轻灾害风险转变。

3. 助力智慧城市的建设发展

数十年间，中国在经济飞速发展的同时，城市的聚集效应也越来越明显，未来城市将承载越来越多的人口。为解决城市发展难题，实现城市可持续发展，建设智慧城市已成为当今城市发展不可逆转的潮流。智慧城市涉及交通、水利、环保、教育、医疗卫生、公共安全、城市管理等领域，是一个多层次、系统复杂的工程。智慧消防建设是实现新型智慧城市建设的重要部分，智慧消防技术能够实现消防相关数据资源共享，实现对城市精细化和智能化管理，助力智慧城市的建设发展。

1.3 智慧消防技术的应用特征

智慧消防实现了报警自动化、接警智能化、处警预案化、管理网络化、服务专业化、科技现代化，大大减少了中间环节，极大地提高了处警速度，真正做到了方便、快捷、安全、可靠，使人民生命、财产的安全以及警员生命的安全得到最大限度的保护，这一切离不开智慧消防技术的应用。与传统消防技术相比，智慧消防技术突出其"智能性"和"适用性"，具体应用特征表现在：

1. 信息感知机制全面准确

相比于传统消防，智慧消防的基础是广泛覆盖的信息感知网络。消防工作涉及百姓日常生活的方方面面，这要求相关人员及时全面地掌握信息。感知网络需要具备采集不同属性、不同形态、不同密度的信息的能力，既要满足对火灾风险隐患感知的需求，也要满足对灾情态势研判感知的需求。当然，智慧消防的全面感知并非意味着全方位的信息采集，而是应以满足深度研判的需要为导向。

2. 数据互联机制高速稳定

智慧消防技术能够保证消防指挥中心相关人员可以远程掌握现场的感知数据，灾难发生时救援战斗员能够实现与现场指挥中心的信息互联互通，最大限度地提高信息的互通水平。同时，打破相关部门的信息资源的保护壁垒，形成统一的资源体系，不再存在"信息孤岛"。

3. 大数据计算机制智能高效

智慧消防是以先进的信息和智能技术手段为基础发展而成的综合性消防应急技术体系。其中，作为实现信息识别与数据挖掘的重要技术——大数据将发挥重要的作用。智慧消防可以依托海量信息开展智能数据统计与决策分析，这种智能化的处理方式会使信息更加有价值。而消防指挥中心的并行处理系统、云计算平台以及雾计算、自组织网络运算等技术为消防救援现场获取的大数据信息处理与计算提供了有效的算力支持，也为真正实现智慧消防的效能提供了有力的技术支持。

4. 资源调度机制主动灵活

智能化、信息化技术的应用彻底改变了传统消防与应急事业的工作模式。在智慧消防框架下，实时监控、智能预警、快速响应、现场信息精准获取、资源优化调度以及"一张图"协同指挥等先进的技术方案都被更多地应用于消防安全与灭火救援的全过程中，从而将过去被动的报警、接警、处警方式，更新为全新的资源调度机制，有效地减少了中间环节，提高了应急响应速度，为人民生命财产安全以及消防员生命安全提供了巨大的支持和保障。

1.4 智慧消防技术的应用现状

1.4.1 国外智慧消防技术应用现状

当前，美国、日本、英国等许多发达国家在消防的智能化、信息化方面都做了大量的工作。这些国家在既有建筑中火灾自动报警系统基础上已经建立了比较完善的消防远程监控系统，形成了比较完备的监管机制和报警联动处置机制。随着物联网、云计算、大数据等新技术的发展，各国也在逐步应用这些技术研究开展智慧消防建设，提升消防监管的智能化程度。

国外有关智慧消防的研究，美国最具代表性。2012 年，美国国家标准与技术研究院（NIST）开始智慧消防（Smart Fire Fighting）项目研究，将传感器、计算机技术、建筑控制系统和消防设备融合，提倡利用物联网、大数据等新兴技术彻底改革消防工作模式，建立科学技术基础，实现智慧消防，提高消防运作效率。同年，纽约市利用火灾风险监测系统（RBIS）对建筑物数据进行火灾因子分析和火灾风险评分，创建火灾风险建筑优先检查清单，极大地提高了城市建筑火灾预防能力。2013 年，美国消防研究基金会研制了智慧消防发展规划图，同时明确了智慧消防建设将要面对的研究难点和技术问题。美国国家标准与技术研究院于 2014 年发布了《美国智慧消防发展路线图总结报告》，该路线图介绍了未来的智慧消防，以及智慧消防将如何使用各种传感器和软件工具，如表 1.4.1 所示。2015 年，美国已启动开展 NIST 智慧消防项目研究，主要侧重在消防产品、个人防护

表 1.4.1 美国智慧消防技术框架

基本框架	研究领域	研究范围	研究成果
通信（数据收集）	通信技术与传输方法	基于通信技术和传输方法的数据采集，包括消防员随身携带的无线个域网，小组点对点通信，火场指挥网络以及辖区间通信	
	传感器 个人防护装备 PPE	消防员随身电子安全设备 ESE 的传感技术，包括但不限于环境监测、生理监测、感官支持、追踪/定位和电子织物	2014 年，美国一所大学的运动和生理学研究实验室设计了一种可实现状态监测的 PSM-shirt 并嵌入防火衬衫中，消防战斗员佩戴该设备，可以被准确监测心率和呼吸率。
	移动式	移动消防传感技术，包括移动设备（非消防员携带）、陆地车辆，空中飞机与水上船只，无人机/卫星	美国哈佛大学研发的 Motel-Track 系统，该系统被用于高层建筑的火灾预警，其前中期部署的无线传感器网络（Wireless Sensor Network，WSN）节点为火灾中被困用者提供详细的地理位置坐标，生命体征参数等重要信息。救援人员可以借助 Motel-Track 系统的 WSN 传感器节点为施救人员的救援行动提供路线导航服务，还可以为搜救者的生命安全提供相应的安全保障
	固定式	涉及定点技术的传感器，包括建筑内传感器，人员及普通群众携带的传感器，公共和公用事业基础设施中的传感系统，室外传感器	
数据收集		利用现有数据库的信息收集及数据库的未来发展趋势	

表 1.4.1（续）

基本框架	研究领域		研究范围	研究成果
计算（数据处理）	软件/硬件		即硬件和软件的数据计算问题，包括兼容性、集成和互操作性	MathWorks 公司的团队创建开发一套智能应急响应系统（Smart Emergency Response System, SERS）作为典型的灾难救援辅助决策系统，SERS 的主要功能是在灾难发生时为幸存者和救援人员提供信息，用以定位和相互协助
	实时数据分析		包括实时数据分析技术（如数据挖掘和大数据应用），以及基于知识的消防员决策和分析（如建模、逆向建模/数据通话、算法和数据库分析）	
目标决策（数据使用）	消防员数据用户应用	事件前、事件后	用于事件前后的消防员数据用户使用的应用程序，可包括检查人员、执法人员、前期规划、培训和教育应用程序	
		事故过程中	用于火场上和事件过程中的消防员数据用户应用程序，包括建筑物、交通系统、林地和特殊应用（接近度、技术救援、危险品等）应用程序	斯坦福大学的 Braglia 等人基于物联网与 RFID（射频识别）技术构建了消防现场现场装备库存管理与调度系统。 美国突发事件管理系统（NIMS）指导美国各级政府的各个部门和机构、非政府组织及私人部门，以"无缝合作"的方式，进行突发事件的预防、保护、响应、减轻和恢复。该系统不仅建出突发事件应对的理论逻辑，而且也很好地体现出以标准化和灵活性为基础的良好的可操作性
	非消防员数据用户应用		除消防员以外的数据用户应用程序，如呼叫处理中心与应急联络点、一级和二级应急接收方（医院、医疗检查人员、环境清理方、财产抢救人员、保险公司），普通群众与建筑内人员、政府管理部门	
	用户界面传递方式		包括但不限于手持设备、抬头显示、现实增强设备等	

装备、机器人等设备智能研发，构建社区、城市智慧消防多维体系。近几年，数据分析在智慧消防中的应用越来越引起人们的重视。典型成果及应用有纽约 FireCAST 火灾风险分析模型（2015 年）、亚特兰大 FireBird 火灾风险分析模型（2016 年）、匹兹堡火灾预测模型（2018 年），加拿大温哥华等城市也沿用了美国的火灾风险分析模式。这些系统的共性特点是：量化预测评估火灾风险，实施差异化监管。美国智慧消防的发展得益于信息物理系统的应用与发展，然而智慧消防涉及的技术广泛，综合性强，各技术领域的发展水平参差不齐，现实技术与智慧消防之间的结合仍存在大量空白，需通过大量研究以及标准化推动其发展与应用。

欧洲国家与地区以适应性、灵活性和创新性作为智慧消防的发展目标。多个国家的智慧消防项目致力于如何尽可能安全地做出情报引导、风险预测以及对不断变化的火场环境提出建议。英国建立 SAS 数据库，根据消防大数据开展城市火灾风险预测评估。

在灭火救援方面，近年来世界发达国家加强跨领域、跨部门的突发事件一体化应急平台建设，普遍重视应急平台的风险分析、信息报告、监测监控、预警预测、综合研判、辅助决策、综合协调与总结评估等关键环节所需的关键技术。美国现有国家事件管理系统（National Incident Management System，NIMS）包括事件指挥系统、多机构协调系统以及联合信息系统，具备公共安全数据的搜集、分管及跟踪功能，并通过国土安全运行中心实现数据汇集。美国 MathWorks 公司创建开发的智能应急响应系统（Smart Emergency Response System，SERS），作为典型的灾难救援辅助决策系统，旨在发生灾难时为幸存者和救援人员提供周边地理环境等信息，以实现快速定位和救助。英国建立了集成应急管理平台（Integrated Emergency Management，IEM），增强应急机构间的协调与协作能力，通过有效识别和管理各种突发事件风险，使其拥有世界一流的突发事件应对能力。德国建立的危机预防信息系统（German Emergency Planning Information System，deNIS）为联邦和地方政府决策者的信息沟通、事件响应提供信息网络支持，更好地为突发事件的救援提供服务。

日本的灾害信息系统（Disaster Information System，DIS）包括早期评价系统和应急对策支持系统，为政府快速准确制定决策提供依据，为相关机构提供共享信息平台；瑞典皇家理工学院研制了数字定位消防鞋，其设计系统安装了先进传感器、无线模块和处理器，数据能反映消防员和被困人员的准确信息，对消防员进行远程操控。欧洲对于灭火救援的技术手段更为看重，如尝试使用智能手机作为热成像相机，提出的一种新的 CAT 智能手机，它所具有的热成像能力在使用正压通风方式进攻时显得尤为有效。

国外智慧消防从监测预警到灭火救援都建立了较为完善的系统，并研发了一系列的配套装备配合系统，为我国智慧消防的发展与建设提供了参考。

1.4.2　我国智慧消防技术应用现状

为了提高社会整体火灾防控能力，防范化解重大安全风险，应对处置各类灾害事故，我国也越来越重视利用科技信息化手段推动防火、灭火工作的转型与升级工作。尤其是近些年，以物联网、大数据、人工智能等新一代信息技术在我国消防领域得到大量应用研究。

1. 我国智慧消防的政策与建设

新一代信息技术正加速与传统产业的融合，当各个行业都在积极感受科技发展带来巨大魅力的同时，消防产业与前沿科技的融合才刚刚起步。在消防产业由传统消防向智慧消防转型升级过程中，虽然面临着巨大的挑战，但在政策、经济、技术等因素的驱动下，智慧消防将继续向纵深发展。

2014 年，国家发展和改革委员会等 8 个部委印发了《关于促进智慧城市健康发展的指导意见》推进"智慧城市"建设。2015 年，国务院印发《关于积极推进"互联网+"行动的指导意见》推进互联网等高新技术在各行业领域的应用。同年，沈阳消防研究所提出智慧消防建设总体框架，正式引出智慧消防建设。

2017 年 10 月，原公安部消防局发布了《关于全面推进"智慧消防"建设的指导意见》，文中要求全面提高消防工作科技化、信息化和智能化水平，实现信息化条件下火灾防控和灭火救援工作转型升级，提出建设城市物联网消防远程监控系统、基于"大数据""一张图"的实战指挥平台、高层住宅智能消防预警系统、数字化预案编制和管理应用平台、"智慧"社会消防安全管理系统等五大项目。先后在宜昌、南京召开现场推进会，推动此项工作落实。

2018 年 11 月 9 日，习近平总书记向国家综合性消防救援队伍授旗并致训词，要求消防队伍在转隶应急管理部之后，作为应急救援的主力军和国家队，全力承担防范化解重大安全风险、应对处置各类灾害事故的重要职责。据统计，2019 年全国共接报火灾 23.3 万起，死亡 1 335 人，伤 837 人，直接财产损失 36.12 亿元。而地震、泥石流、堰塞湖、山体滑坡、洪水、内涝、坠江、危化品等各类灾害事故也带来了更急难险重的救援任务和复杂艰险的救援环境。消防安全形势严峻和应急救援情况复杂难度大是新时期消防工作面临的两大现实问题。开展"智慧消防"建设，将物联网、云计算、大数据、人工智能等新一代信息技术充分运用于消防各项工作中，促进工作模式创新、业务流程再造和体制机制完善，进一步优化消防管理和服务，提高资源运用的效率，从而提升消防安全治理能力和全社会防灾减灾救灾能力。

2. 我国智慧消防的建设现状

我国各地高度重视智慧消防发展，统筹推进智慧消防实施建设，结合自身特点搭建系统平台。据统计，截止至 2019 年底，全国共计有 10 万余家消防安全重点单位接入消防设施物联网监控系统，在各类单位场所推广安装电气火灾监测设施 5 万余套，在三合一场所、小店铺推广安装独立式火灾报警器 300 余万个，在居民社区建成电动车智能集中充电点 10 万余处。以信息技术为支撑的智慧消防建设得到政府和社会各界普遍认可。各地智慧消防建设情况主要有以下几个方面：

（1）各地高度重视，统筹推进实施。

各地高度重视"智慧消防"建设，推动将其纳入当地"十三五"消防事业发展规划、"智慧城市"建设总体框架，做到同部署、同推进，大力提升消防工作科技化、信息化、智能化水平。如，江苏省政府印发通知，加强消防大数据平台建设应用工作。浙江省政府制发方案，将"智慧消防"建设纳入深化"最多跑一次"改革推进政府数字化转型重点任务。安徽省政府将消防安全防控监测信息系统建设写入 2019 年政府工作报告，高位部署推进。山西、宁夏等地政府或政府办出台意见、印发通知，要求加快推进消防物联网建设。广东省公安厅、综合治理委员会、发改委、财政厅等四部门联合出台意见，明确提出智慧消防建设的时间表、路线图和完整技术框架。西藏自治区安委会制发方案，要求文物、民宗、教育、民政、文化、住建等部门在本行业单位场所推广应用智慧用电系统。上海、江西等地分别出台《消防设施物联网系统技术标准》《江西省消防物联网系统建设导则》，对系统设置要求、功能架构、设备性能和数据应用等方面提出了明确要求。

（2）搭建研判平台，实施精准防控。

各地结合实际建立智慧消防系统平台，强化风险研判，实施精准防控。江苏省消防救援总队建立消防大数据综合业务管理服务平台，实现20多个政府部门信息数据交互共享，建设13类专题数据库，研发31个应用场景，利用火眼系统、基于GIS的消防监管薄弱区分析工具进行分析评估和预测预警。浙江消防救援总队整合城市消防远程监控、智慧用电、智能预警、智能充电桩、单位自主管理等五类系统，打造"智慧消防"智能管控平台。山东消防救援总队研发"防消一体化"实战应用平台，有效整合消防维保监督、建筑消防设施检测监控、社会消防安全服务、消防救援调度指挥等33个系统资源。贵州消防救援总队建设"云上贵州·智慧消防"大数据平台，运用"云计算"技术，自动分析历史数据、评定风险等级，推送工作建议。

（3）借助已有平台，融入消防要素。

各地借助政府或有关部门搭建的信息管理平台，推动融入消防要素，实现智能应用。山西、浙江、福建、四川、宁夏、青海等消防救援总队积极对接省委政法委，在社会综合治理平台中嵌入消防工作模块，实现基层网格消防安全隐患排查、上报、分类、指派、处理、汇总等功能。湖北消防救援总队推动将消防工作嵌入"湖北政法云"平台，构建省域消防大数据云平台，综合社会化管理服务、城市消防远程监控、消防安全评估研判等系统功能于一体。内蒙古乌海消防救援支队借助当地政府建设"云中心"资源的有利时机，推动融入"智慧消防"内容。上海长宁消防救援支队依托"智慧社区"平台，嵌入消防感知模块，实现消防安全智能推送、动态提醒。

（4）强化物联监控，推动落实责任。

各地积极推动社会单位接入消防设施联网监测系统，应用掌上App，加强智能化监控，督促单位落实主体责任。北京市消防救援总队建成物联网系统控制中心23个，研发启用集基础信息采集、安全隐患实时监测等功能为一体的高层建筑智能化监管平台。天津消防救援总队对市物联网平台进行升级改造，与区平台、重点单位自动报警系统联动，实现对重点单位故障维修、消防用水、火灾等信息情况实时掌控。江苏消防救援总队大数据平台增加视频监控识别、前端信息推送等功能，联网单位近1.6万家。山西、广西、贵州、云南消防救援总队加强"智慧用电"应用，在文物建筑、木质连片村寨推广使用灭弧式电气防火保护装置。河北秦皇岛消防救援支队推动将民宿场所接入火灾预警系统，实现对民宿水、电、气的精准感知。

（5）创新监管模式，提供便民服务。

各地运用"互联网＋监管"模式，进一步规范消防监督管理，提供便民利企服务。北京市消防救援总队研发"掌上119"客户端，集一般单位、重点单位、施工现场、公众、消防监督等5大模块、62项功能于一体，已有11万余用户。江苏省消防救援总队研发"消防安全云""消管通"等消防管理App，内置单位消防检查项目标准、火灾风险评估模型和管理协作平台，便于单位落实自主评估风险、自主消防检查和自主整改隐患，已覆盖20余家重点单位和九小场所，日均消防检查数据300万条。浙江省消防救援总队依托省行政执法监管平台开展"双随机"事项抽查，要求执法人员利用"浙政钉"掌上执法模块，现场填写检查记录表，将检查结果通过"浙政钉"上传执法监管平台。广西壮族自治区消防救援总队南宁支队研发的基于微信的便民消防服务平台，实现了微信隐患举报、报警处理和廉政监督等一系列便民服务的功能，目前用户量已达 20 多万人次。

3. 我国智慧消防的技术研究情况

"十一五"期间，国内的研究机构开展了城市消防设施远程监控技术研究，针对建筑物内火灾报警控制器、消防联动控制系统、自动喷水灭火系统、防排烟系统、疏散指示系统等有源类建筑消防设施，通过用户信息传输装置等设备，利用模拟量采集、数据接口监测、协议解析与转换等方式，对消防设施的运行状态进行实时的数据采集与数据传输，保证建筑内有源类消防设施运行完好有效。

"十二五"期间，国内的研究机构开展了消防安全管理物联网技术研究，综合利用压力传感、RFID（射频识别）、视频耦合和图像处理技术，针对消防水源、消防通道、防火门、消火栓、消防管阀、消防水箱（池）、灭火器、消防水带、逃生器材等无源类消防设施，实现状态信息的动态采集和传输，做到无源类消防设施异常及时告警。

通过"十一五""十二五"时期的积累，利用智能感知、物联网、视频和图像处理等新技术，研究了集报警监控、设施巡检、单位管理和消防监督功能于一体的物联网消防远程监控系统，实现了消防设施在位状态与动作状态的实时监测和预警，并且不断拓展消防设施监控范围。随着移动互联、智能终端的快速发展，"监管巡查规范、隐患发现及时、宣传受众广泛、报警定位精准"的消防巡检 App、公众消防 App 等软件，在福建、贵州、山东、辽宁等地得到了广泛使用。2016 年，宜昌市构建了"三峡云计算中心系统"，通过采集、数据共享系统自检生成等方式收集消防数据信息，火灾时可实现精准定位，全面了解相关建筑、人员和消防设施等情况，为灭火救援提供辅助决策，提高了救援效率。2017 年，苏州市依托大数据和人工智能技术开发出火灾风险预测系统，根据完备、可靠的数据资源及多部门对接，建立全市统一的"消防数据云"，通过对市内建筑进行大数据分析，可以精确预测火灾风险，提升火灾防控工作精准度。

"十三五"期间，在监测预警方面，国内科研机构研发了消防安全社会化服务云平台，并在此平台基础上研发了火灾隐患社会化整治信息系统和多因素综合风险评估消防安全管理系统，构建了"自下而上"的隐患发现、举报、处理机制和"自上而下"的隐患专项排查整治机制，创新提出了基于多元线性回归算法和基于多层次统计评价的多因素综合风险评估算法模型。平台汇集各类消防安全管理数据，综合火灾风险定量评价技术，实现了全时段、可视化监测消防设施状态，全流程火灾隐患信息综合整治，智能化评估消防安全风险，达到了差异化、精准化消防安全监督的目的，切实为公众、社会单位、消防主管部门、政府等提供一站式消防安全管理服务。

在指挥救援方面，国内科研机构研发了涵盖现场环境、消防车辆、装备器材、消防战斗员状态等信息的可视化指挥决策平台。配合平台功能研发了灭火救援现场装备物资状态信息采集装置和消防员状态信息采集装置，智能化感知、识别与跟踪现场环境、装备及救援人员的各类信息，并与图像、语音、数据通信装备高度集成，实时动态地采集、传递和处理救援现场信息，构建了可视化火灾现场综合信息模型，实现对火灾现场全方位的信息管理与认知。平台的研发为指挥人员提供完整准确的决策信息依据，增强灭火救援现场的指挥效能。

在应急通信方面，针对应急管理部"统一指挥，专常兼备，反应灵敏，上下联动，平战结合"的应急救援方针，消防部门在城市重大灾害事故现场应急救灾时，按照通信先行原则，需要第一时间建立前、后方指挥部与各救援队伍的指挥通信网，并回传灾害现场图像、灾情信息及态势，同时救援队伍需要与各保障队伍进行通信，提炼出城市重大灾害事故现场消防应急通信技术保障需求，沈阳消防研究所开展融合通信技术与系列融合通信装备研究，重点解决复杂建筑内宽窄带专网信号的快速覆盖，公网、专网、宽带自组网、窄带自组网等网络之间互联互通等难题，设计开发了窄带自组网和宽带自组网基站，消防融合通信终端，灭火救援现场轻型指挥调度台，前方与后方融合通信与公网集群系统，定制公网集群终端等系列装备，从单兵装备、现场信号覆盖装备、现场指挥调度装备、后端融合平台等多层次实现了快速部署、互联互通和融合通信。这些研究成果为后续智慧消防的发展与建设提供了有力的技术支撑。

1.5 智慧消防技术的发展目标

构建科学、全面、开放、先进的消防信息化体系，加快现代信息技术与消防业务深度融合，促进工作模式创新、业务流程再造和体制机制完善，不断提高风险监测预警、应急指挥保障、智能决策支持、政务服务和舆情引导应对等应急管理能力，全面支撑具有系统化、扁平化、立体化、智能化、人性化特征的现代应急管理体系建设，达到智慧感知、智慧防控、智慧指挥、智慧作战、智慧执法、智慧管理，并促进应急产业信息化智能化融合发展，实现我国应急产业换道超车，走向世界前列。这是智慧消防的发展目标，也为智慧消防技术的发展指明了方向。

1. 体系架构更合理

对标应急管理信息化体系架构，以智慧消防业务架构为具体依据构建智慧消防技术体系。面对"全灾种、大应急"的任务需要，聚焦防范化解重大安全风险、应对处置各类灾害事故的职责使命，立足业务特点和实战需要，以火灾防控、灭火救援两大任务为核心，满足"全灾种、大应急"事前、事发、事中、事后的全流程监测预警、指挥处置等业务需求，以监督管理、监测预警、指挥救援、决策支持和公众服务等五大业务域（见图1.5.1）为基础，构建智慧消防业务架构体系，实现共建共治共享的智慧消防业务体系。

通过建设智慧消防平台，汇聚消防一体化消防业务信息系统数据资源、社会联动资源、城市重大灾害事故和地质性灾害事故救援现场的语音、图像和数据等资源，依托无线网络、有线网络与通信网络，打通事前、事发、事中和事后全过程信息链路，形成随遇接入、全维感知、信息融合、可视指挥、智能协同等能力，为各级消防救援队伍、应急管理部门提供信息融合支撑，实现对综合警情的全面掌控，同时为指挥者提供决策分析依据。以新一代信息化技术应用和数据汇聚融合为核心，强化顶层设计和过程管控，重构优化消防感知网络、基础通信网、数据应用支撑、业务应用体系，推动形成"服务为本、能力开放、数据驱动、一体融通"的消防特色信息化新架构。

图 1.5.1 智慧消防业务架构

2. 火灾防控更精准

加快推动先进信息技术与火灾防控深度融合，加强基于信息化的源头监管手段建设，汇聚海量社会信息资源，丰富火灾风险防控手段，深化消防安全事中、事后监督效能，强化党委政府、行业部门、企业单位履责效能，引导社会力量积极参与，创新立体化、多元化治理机制，提升监测预警智能化水平，全面建成"全域覆盖、智能感知、全民参与"火灾防控体系。

在火灾预警和智能风险评估方面，通过消防物联网监测系统，实现火警预警及风险评估等。在社会消防安全管理方面，开发了火灾隐患、消防安全巡查巡检等手机 App，利用 BIM（建筑信息模型）技术建立三维可视化的消防系统，能够动态呈现防火分区、疏散路线等相关要素，可应用于防火监督检查和应急疏散逃生指示等。

3. 灭火救援更科学

将大数据、人工智能等先进技术，作为灭火救援创新发展的新引擎、提升战斗力的新动能，以消防实战指挥系统为核心，围绕灾情预警、力量调配、作战指挥、战勤保障等作战力关键要素，建立健全快速反应、智能辅助、科学决策、高效运行的实战指挥体系，实时共享外部数据资源，自动采集、动态汇聚救援一线各类信息要素，全面建成应用一体化、跨部门、跨区域实战指挥系统，提升灭火救援科学化、智能化、精细化水平，为各级指战员提供全方位、立体化决策信息支撑。

在数字化预案建设方面，运用 3D 实景和虚拟仿真等全景技术制作灭火救援数字化预案，战时可快速了解建筑信息并制定相应灭火救援战术等。在大数据指挥平台建设方面，搭建实战指挥平台，整合静态和动态数据，集 119 接处警系统、GPS 定位系统和可视化调度指挥系统等子系统为一体，进行指挥调动、协调联动和智能辅助决策等。在单兵作战监测方面，基于物联网技术建立消防员生理命体征信息监控系统，通过为消防员配备的传感器或火场其他部位的传感器，收集其各类生理数生命体征指标信息及火场环境和位置参数等，实时传输至现场指挥系统等。

4. 队伍管理更精细

真正发挥信息化"提升管理效能、减轻工作负担"的作用，大力发展自动化、移动式采集手段，推进国家综合性消防救援队伍和多种形式消防力量的人员、绩效、财务、装备、营房等管理方式向数据化、精细化、智能化转变，准确掌握人、车、物管理基本情况和人员思想动态，及时发现和解决队伍管理各类风险隐患，不断提升消防救援队伍管理正规化、精细化、智能化、科学化水平。

车辆物联网建设方面，构建消防 GPS 车辆管理系统，利用 GPS 定位车辆，GIS 动态监控车辆和交通状况等，实现实时监控当前案件、历史案例回放、执勤越界报警等功能，实现消防车辆信息动态监管和调度等。在装备物资管理方面，通过监测车辆和装备出入库情况，使装备管理从各个环节均能实现信息化。在应用大数据分析评估队伍装备管理的水平以及预测队伍装备的需求等方面还需要进一步研究。

5. 公众服务更便捷

全面适应"放管服"改革，建成高效便捷的消防政务"微服务"，实现"一窗受理、一网通办、一站服务、限时办结"，为公众在火灾隐患举报、火灾报警、业务办理、信息查询和消防宣传等方面提供便捷高效的服务，最大限度实现"数据多跑路，群众少跑腿"。

6. 通信保障更可靠

立足"综合性、全灾种"灭火救援新常态，构建立体协同、扁平可视、高效畅通、韧性抗毁的应急指挥通信体系，实现"组成网、随人走，不中断、联得上，看得见、听得清，能图传、能分析"的总体目标，为建设新时代大国灭火救援体系提供"快速机动、科学高效、精准安全"的应急通信保障。

7. 产业生态更繁荣

探索建立全社会共同参与消防安全治理、全社会分享消防安全服务的运作模式，管理部门、消防产品生产厂商、联网运营单位、消防维保单位、社会单位、社会公众等都需要对智慧消防建设有所支撑，协同构建智慧消防产业新生态，建立多行业、多元化的交叉融合，打造共建共治共享的消防安全治理格局。

第2章 智慧消防关键技术

智慧消防是先进人工智能与信息技术应用于传统消防产业的产物，但不是物联网、大数据、云计算、传感器网络、5G技术、机器学习等技术的简单堆砌或装载。智慧消防面向消防预警、灭火救援的特殊需求，将具有针对性的人工智能与信息技术进行设计与耦合形成智能化体系。因此，应该认真研究与讨论组成智慧消防的关键技术。

2.1 技术参考模型

智慧消防是以信息、通信、空间与地理信息等核心技术为基础，由面向现代城市管理及消防安全管理的系列关键技术和复杂应用组成的体系。智慧消防涵盖密集型数据处理、智能感知、新一代通信网络、虚拟现实、空间与地理信息处理等技术领域，因此在方案设计和技术实现上需要构建与传统消防技术完全不同的架构。

智慧消防技术参考模型总体上呈现明显的层次式架构，如图2.1.1所示。该架构采用五横三纵结构，其中五个横向层次由下向上分别为：物联感知层、数据传输层、数据活化层、支撑服务层、智慧应用层；三个纵向层次分别为：消防标准规范体系、消防安全保障体系和消防运维管理体系，这三纵贯穿于智慧消防技术参考体系五个横向层次。

2.1.1 五个横向层次

物联感知层位于技术参考模型的最底层，是对消防安全相关的各方面数据进行智能感知识别，对信息采集进行处理和自动控制，并通过数据传输层将数据传输、汇集到智慧消防大数据中心。数据传输层主要依托先进的网络技术，采用物联网技术和新一代网络通信技术等实现物联感知数据的可靠传输。数据活化层将汇集的数据在智慧消防大数据中心中进一步分类、整合和聚集，通过数据关联、数据演变和数据养护等技术，实现对数据的活化处理，向支撑服务层和应用服务层提供活化数据支持。数据和活化服务进一步封装和利用，构成支撑服务层。支撑服务层涵盖了包括云计算、可视化与仿真技术、多模式数据互联、数据集成分析与空间决策模拟等智慧消防支撑关键技术，为智慧消防应用的开发提供复用和灵活部署的能力。智慧应用层处于最高层，是消防行业或领域的智慧应用及应用整合，社会公众、消防部门、应急部门、政府部门、第三方服务机构等用户可通过多渠道接入相关智慧应用，使用相关服务或产品。

1. 物联感知层

物联感知层主要是为了实现对消防业务相关信息的多样、全面而高效的感知和获取。物联感知层是智慧消防的最底层，负责从物理世界采集原始数据，并在可能的范围内对数据进行一些预处理等。从数据传输角度讲，所感知的数据包括来自无线通信网、有线通信网、传感器网络、互联网、专网等数据；从数据类型角度讲，所感知的数据包括视频信

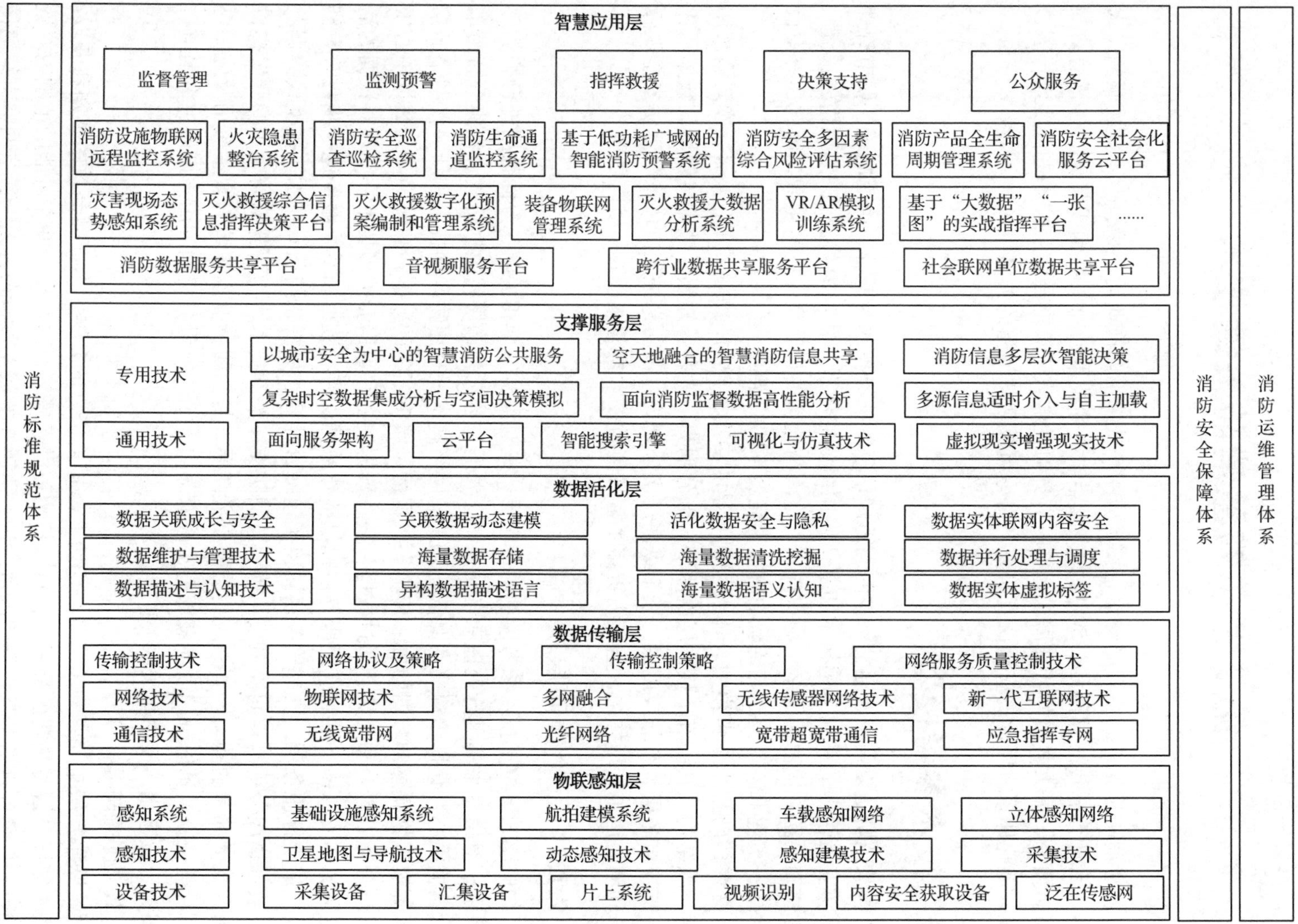

消防标准规范体系
智慧应用层
监督管理
监测预警
指挥救援
决策支持
公众服务
消防设施物联网远程监控系统
火灾隐患整治系统
消防安全巡查巡检系统
消防生命通道监控系统
基于低功耗广域网的智能消防预警系统
消防安全多因素综合风险评估系统
消防产品全生命周期管理系统
消防安全社会化服务云平台
灾害现场态势感知系统
灭火救援综合信息指挥决策平台
灭火救援数字化预案编制和管理系统
装备物联网管理系统
灭火救援大数据分析系统
VR/AR模拟训练系统
基于“大数据”“一张图”的实战指挥平台
……
消防数据服务共享平台
音视频服务平台
跨行业数据共享服务平台
社会联网单位数据共享平台
支撑服务层
专用技术
以城市安全为中心的智慧消防公共服务
空天地融合的智慧消防信息共享
消防信息多层次智能决策
复杂时空数据集成分析与空间决策模拟
面向消防监督数据高性能分析
多源信息适时介入与自主加载
通用技术
面向服务架构
云平台
智能搜索引擎
可视化与仿真技术
虚拟现实增强现实技术
数据活化层
数据关联成长与安全
关联数据动态建模
活化数据安全与隐私
数据实体联网内容安全
数据维护与管理技术
海量数据存储
海量数据清洗挖掘
数据并行处理与调度
数据描述与认知技术
异构数据描述语言
海量数据语义认知
数据实体虚拟标签
数据传输层
传输控制技术
网络协议及策略
传输控制策略
网络服务质量控制技术
网络技术
物联网技术
多网融合
无线传感器网络技术
新一代互联网技术
通信技术
无线宽带网
光纤网络
宽带超宽带通信
应急指挥专网
物联感知层
感知系统
基础设施感知系统
航拍建模系统
车载感知网络
立体感知网络
感知技术
卫星地图与导航技术
动态感知技术
感知建模技术
采集技术
设备技术
采集设备
汇集设备
片上系统
视频识别
内容安全获取设备
泛在传感网
消防安全保障体系
消防运维管理体系

图 2.1.1　技术参考模型

息、音频信息、射频定位信息、智能图像信息、GIS 位置信息等。从数据来源角度讲，所感知的数据包括消防设施信息、电气火灾信息、可燃气体信息、消防水源信息、建筑内人员分布信息、消防安全管理行为信息、灾害现场环境信息、灾害现场人员信息、装备与物资信息等。因此，感知层的关键技术涵盖了新型智能监测感知设备技术、针对多源异构感知数据进行组织和管理的建模技术等。

2. 数据传输层

数据传输层主要是为了将感知层所感知的数据汇集传输到智慧消防大数据中心，从而为后续的数据存储、处理和利用提供基础。因此，这里的数据传输层有别于网络多层模型中的传输层，这里所指的数据传输层涵盖了传输网络技术、数据信息交换技术、数据信息路由及传输控制等系列技术，其关键技术包括四个层面，即通信技术、网络技术、消息队列技术、传输控制技术。

3. 数据活化层

智慧消防全方位感知网络将产生大量的数据，急速膨胀的海量数据已经成为关系消防安全的战略性资源，但是数据量的高速膨胀、数据无意义的冗余、数据原有关联的割裂又对信息的充分利用形成严重的制约。数据活化是基于智慧消防大数据中心对数据进行分析、处理的技术集合，利用感知、关联溯源等手段，实现海量多源数据的自我认知、自主学习和主动生长，能够解决海量数据管理和分析等问题，是构建智慧消防的核心技术。

4. 支撑服务层

支撑服务层是为智慧应用层和横向服务管理提供支撑服务，为智慧消防提供各种应用的共性关键技术，是智慧消防信息服务的重要基础。根据支撑服务层技术的特点，将支撑服务层的技术体系分为两个子层次，即通用类技术和专用类技术。其中，通用技术类是指构建智慧消防支撑服务层所涉及信息领域的一些通用技术，如面向服务架构（Service Oriented Architecture，SOA）、智能搜索引擎、云计算等。而专用技术则是指根据智慧消防建设的特点和需求所构建的领域性的关键支撑技术，如多模式数据系统互联技术、信息多层次智能决策关键技术、复杂时空数据集成分析与空间决策模拟、可视化与仿真技术等。

5. 智慧应用层

智慧应用层是在物联感知层、数据传输层、数据活化层、支撑服务层的基础上，建立的各种基于消防行业或领域的智慧应用及应用整合，如监督管理、监测预警、指挥救援、决策支持、公众服务等，为社会公众、社会单位、第三方服务机构、消防部门和政府用户等提供整体的信息化应用和服务。智慧应用层为消防相关业务部门及其他行业部门提供服务，包括消防内部共享平台、跨行业共享服务平台，可以同时为其他行业信息化平台提供数据服务共享交换，其与支撑服务层有所不同。智慧应用层主要是对消防信息化系统应用管理与服务进行高度封装，从而为上层的各级用户提供服务。而支撑服务层则强调的是抽取智慧消防的核心共性关键技术，构建统一化的服务和支持平台。

2.1.2　三个纵向层次

1. 消防标准规范体系

标准规范体系是信息化系统项目建设的重要基础和组成部分。智慧消防标准规范体系建设旨在有目标、有计划、有步骤地建立起联系紧密、相互协调、层次分明、构成合理、相互支持、满足业务需求的标准体系并贯彻实施。标准规范体系的建设需遵循国家、消防救援行业相关标准，以及国内外相关技术标准，并根据实际需要补充制订与智慧消防有关的标准规范，形成一套完整、统一的标准规范体系，通过科学组织、有序建设，为实现信息高度共享、系统运行高度协调提供标准保障。

2. 消防安全保障体系

智慧消防安全保障体系以保护信息化系统为核心，严格参考等级保护的思路和标准，从多个层面进行建设，满足在物理层面、网络层面、系统层面、应用层面和管理层面的安全需求，安全保障体系将充分符合国家标准，能够为消防业务的开展提供有力保障。智慧消防相关的信息化系统必须依据国家等级保护的基本要求，从安全策略、安全技术体系和安全管理体系三个方面构建全面的信息安全保障体系。

3. 消防运维管理体系

智慧消防运维管理体系包括运维管理流程、运维服务管理标准/规范、运维服务支撑系统等方面的内容，它们既相互依存又相互制约，可以同步开展，也可以随着应用的开展而逐步完善。建立规范化、标准化、制度化的运行维护体系，完成对智慧消防各系统运行状态的全面监控和运行问题的及时处理，支持应用系统的安全、稳定、高效、持续运行。

2.2 物联网技术

2.2.1 物联网技术概述

物联网（Internet of Things，IoT）是万物相连的互联网，是在互联网基础上的延伸和扩展的网络。物联网将各种信息传感设备与互联网结合形成一个巨大的网络，实现在任何时间、任何地点，人、机、物的互联互通。

物联网是新一代信息技术的重要组成部分，又被称为泛互联，是指物物相连，万物万联。因此，"物联网就是物物相连的互联网"有两层意思：一是物联网的核心与基础仍是互联网，是在互联网基础上的延伸和扩展的网络；二是其用户端延伸和扩展到了任何物品与物品之间，实现物与物的信息交换与通信。因此，物联网是通过射频识别传感器、红外感应器、全球定位系统、激光扫描器等，按约定的协议，把任何物品与互联网相连接，进行信息交换和通信，以实现对物品的智能化识别、定位、跟踪、监控和管理的一种网络。

物联网的体系结构尚未形成全球统一的规范，但目前大多数文献将物联网体系结构分为三层，即信息感知层、网络传输层和应用服务层。

1. 信息感知层

信息感知层是物联网发展和应用的基础，一般为物联网中的终端设备。信息感知层主要通过 RFID、传感器以及嵌入式系统等技术来获取临近环境的数据，通过 Zigbee、Wi-Fi 等无线网络技术将设备接入到网络传输层以及应用服务层，从而实现数据的传输与共享。

2. 网络传输层

网络传输层在物联网模型中连接感知层和应用层，具有强大的纽带作用，高效、稳定、及时、安全地传输上下层的数据。网络传输层由各种无线/有线网关、接入网和核心网组成，以实现感知层数据和控制信息的双向传送、路由和控制。理论上，物联网的数据传输可以是无线方式和有线方式的，但现在狭义上的物联网网络传输应该是无线的，以满足物联网大覆盖范围和快速自组的需求。网络传输层中，接入网包括交换机、射频接入单元、4G/5G 蜂窝移动接入、卫星接入等。核心网主要由各种光纤传送网、IP 承载网、下一代网络、下一代广电网等公众电信网和互联网组成，也可以依托行业或企业的专网。实际应用中，物联网的网络传输层可以是宽带无线网络、光纤网络、蜂窝网络等各类专用网络，也可以是根据实际应用建设的无线局域网络系统。网络传输层另一个任务是在传输大量感知信息的同时，对传输的信息进行融合等处理。

3. 应用服务层

应用服务层是物联网的服务管理中心，可以从网络传输层获取设备数据并进行计算、存储、数据挖掘等处理，然后通过处理得到的信息或者结果来实现不同的用户功能。物联网的应用服务可分为监控型（物流监控、环境监测）、查询型（智能检索）、控制型（远程遥控、自主管理）等，既有行业的专业应用，也有以公共平台为基础的公共应用。

2.2.2 物联网的关键技术

物联网作为一种形式多样的聚合性复杂技术，其感知层主要涉及传感器、RFID、硬件技术、电源和能量储存等关键技术；其网络层主要涉及网络与通信、信息处理等关键技术；其应用层主要涉及发现与搜索引擎、软件和算法、数据和信号处理等关键技术。在物联网的应用开发过程中，每个层面所涉及的技术有所交叉，并不是绝对的。物联网的关键技术如图 2.2.1 所示。

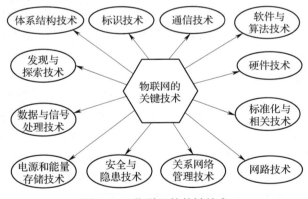

图 2.2.1 物联网的关键技术

2.2.3 物联网在智慧消防中的应用

物联网作为一种先进的信息感知与传输技术，在消防管理、灭火救援过程中能够发挥巨大的技术优势，为消防管理者、指挥者提供准确的火灾灾情及消防设施基础情况。

1. 消防设施的远程自主监控与管理

城市消防设施主要包括消防喷淋、消防水泵、感烟感温传感器、安全疏散标志、消防安全门等。这些消防设施长期处于闲置状态，而在灾情发生的关键时刻要及时投入使用。

因此，对消防设施的状态进行监控与管理是保障灭火救援效率的基本保证。典型的消防设施的远程监控与管理技术就是利用物联网技术，通过在消火栓、消防水泵、消防传感设施以及消防安全门等重要的消防设施上安装定期采样的传感器、芯片和无线通信设备。例如，针对消防喷淋设备，可以利用在消防管网中安装感应芯片来掌握喷淋装置的压力，从而实时了解喷淋管网内是否有水和水压；针对消防水泵设施，可通过在消防水泵的开关阀上安装电子芯片，远程掌握消防水泵的开合状态；对于感烟和感温传感器，利用设施后端的通信芯片，可以实现将感烟和感温的状态信息实时传输到后方监控中心的目标；而针对消防安全通道和安全门的管理，可以利用智能视频监控技术获取安全通道和安全门附近的物体遮挡情况。消防云管理服务等日常管理平台负责接收、计算、处理消防设施的定期采集数据。消防管理人员不需要走访每一个消防设施的现场，而是在远端通过手机、Pad 以及计算机等终端设备，实时查询消防设施的状态，并针对设施状态信息设计相应的维护保养方案。

2. 火灾隐患的社会化整治信息采集与管理

传统的消防监测系统能够实现对各类单位的消防火灾隐患情况进行实时监测，但仅仅是将数据采集上来进行简单的展示和存储，缺少对信息数据的系统化管理，以及对远程用户的管理。因此，这些系统不能对火灾隐患数据进行有效分析并建立社会化的火灾监控体系。针对这些问题，智慧消防系统以物联网技术为核心，采用 B/S 结构，搭建具有火灾隐患排查、举报、受理、核实、督办、整改、公布机制的火灾隐患社会化整治信息系统。在系统中，利用物联网技术构建基于社会单位的消防管理者、消防单位定期检查机制的网格化的火灾隐患采集系统，并设计具有消防隐患监督整改等功能的手持移动终端和具有社会单位消防隐患发现定量评价功能的服务器端，为火灾隐患问题的社会化解决提供了完备的方案，实现对火灾隐患监测的全流程精细化管理，对社会单位隐患发现能力定量评价，以及社会化任务的自动调度等功能。

3. 灭火救援的资源调度与指挥

在灭火救援过程中，参战力量的合理与否直接影响灭火救援行动的顺利开展。因此，车辆类型、随车装备、车辆车况等都是指挥部进行指挥调度时必须考虑的重要因素。将物联网技术应用于灭火救援中，可以利用多种无线信息采集装置建立车载信息一体化监控系统，对消防车辆的数量、速度、车载设备情况等信息实时采集、传输、接收与存储，同时对火灾现场温度、湿度、风力、风向、有毒有害气体等环境数据进行实时采集，建立面向火灾实际需求的消防车载资源调度与指挥机制，对消防应急资源进行优化控制，以提升灭火救援的效率，降低火灾对人民生命财产的危害。

2.3 云计算技术

2.3.1 云计算的相关概念

1. 云计算的定义与特点

云计算（cloud computing）是分布式计算的一种，指的是通过网络"云"将巨大的数据计算处理程序分解成无数个小程序，通过多部服务器组成的系统处理和分析这些小程序，得到结果后返回给用户。云计算的内核是通过把网络上的所有资源集成为一个称作"云"的、可配置的计算资源共享池（包括网络、服务器、存储、应用软件、服务），统一管理和调度该资源池，向用户提供虚拟的、动态的、按需的、弹性的服务。

在计算机领域里，"云"实质上就是一个网络，从狭义上讲，云计算是一种提供资源的网络，用户可以随时获取"云"上的资源，并按需使用，且"云"可以被看作是无限扩展的。从广义上讲，云计算是与信息技术、软件、互联网相关的一种服务，云计算集合了许多计算资源，通过软件实现自动化管理，无须大量人力即可快速提供资源。

总之，云计算是一种全新的网络应用概念，是以互联网为中心，在云端提供快速且安全的云计算与数据存储服务，让每一个用户都可以使用网络中的庞大计算资源与数据中心。

云计算的技术优势在于其虚拟化、高可靠性和可伸缩性等，与传统的网络应用模式相比，其具有如下特点：

（1）基于 Internet 的 C/S（Client/Server，客户端 / 服务器）结构：客户端发出服务请求，"云"（即服务器端）则进行计算并提供客户端所需的服务。

（2）大规模："云"具有相当大的规模，企业私有云一般拥有数百上千台服务器，"云"能赋予用户前所未有的计算能力。

（3）高可靠性："云"使用了数据多副本容错、计算节点同构可互换等措施来保障服务的高可靠性，使用云计算比使用本地计算机可靠。

（4）虚拟化：云计算支持用户在任意位置、使用各种终端获取应用与服务，用户所请求的资源来自"云"，而不是固定的、有形的实体；应用在"云"中某处运行，但实际上用户无须了解、也不用担心应用运行的具体位置，只需要一台个人计算机或者一部手机就可以通过网络来实现需要的一切服务，甚至包括超级计算这样的任务。

（5）通用性：云计算不针对特定的应用，在云的支撑下可以构建出千变万化的应用，同一个"云"可以同时支撑不同的应用运行。

（6）可伸缩性："云"的规模可以动态伸缩，满足应用和用户规模增长的需要。

2. 云计算的体系结构

云计算的体系结构包括五部分，分别为应用层、平台层、资源层、用户访问层和管理层，云计算的本质是通过网络提供服务，所以其体系结构以服务为核心，如图 2.3.1 所示。

（1）应用层。应用层提供软件服务。企业应用服务模块是指面向企业的服务，如财务管理、客户关系管理、商业智能等；个人应用服务模块是指面向个人用户的服务，如电子邮件、文本处理、个人信息存储等。

（2）平台层。平台层将资源层的服务进行了封装，使用户可以在此模块构建自己的应用。数据库服务模块提供可扩展的数据库处理功能；中间件服务模块为用户提供可扩展的消息中间件或事务处理中间件等服务。

（3）资源层。资源层是指基础架构层面的云计算服务模块，这些服务模块可以提供虚拟化的资源，从而隐藏了物理资源的复杂性。物理资源是指物理设备，如服务器等。服务器服务是指操作系统的环境，如 Linux 集群等；网络服务模块提供网络处理能力，如防火墙、虚拟网技术（Virtual Local Area Network，ln）负载等；存储服务是指为用户提供存储的能力。

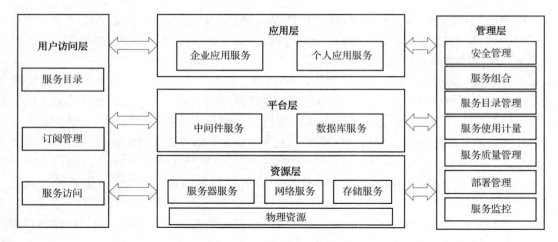

图 2.3.1 云计算的体系结构

（4）用户访问层。用户访问层主要提供方便用户使用云计算服务所需的各种支撑服务，针对每个层次的云计算服务都需要提供相应的访问接口。服务目录模块是一个服务列表，用户可以从该模块中选择需要使用的云计算服务。订阅管理模块提供给用户订阅管理功能，用户可以在此模块查阅自己订阅的服务，或者终止订阅的服务。

（5）管理层。管理层对所有层次云计算服务提供管理功能：安全管理模块提供对服务的授权控制、用户认证、审计、一致性检查等功能；服务组合模块提供对已有云计算服务进行组合的功能，使新的服务可以基于已有服务，以节省创建时间；服务目录管理模块提供服务目录和服务本身的管理功能，管理员在此模块可以增加新的服务，或者从服务目录中删除服务；服务使用计量模块对用户的使用情况进行统计，并以此为依据对用户计费；服务质量管理模块提供对服务的性能、可靠性、可扩展性的管理；部署管理模块提供对服务实例的自动化部署和配置，当用户通过订阅管理模块增加新的服务订阅后，部署管理模块自动为用户准备服务实例；服务监控模块提供对服务的健康状态的记录。

3. 云计算的服务模式

云计算对外提供服务的模式分为基础设施即服务（Infrastructure as a Service，IaaS）、平台即服务（Platform as a Service，PaaS）、软件即服务（Software as a Service，SaaS）三种类型。

IaaS 是一个访问、监控和管理远程数据中心基础设施的自服务模型，这些基础设施包括能够提供计算能力的虚拟机或者裸机、存储、网络或者像防火墙一类的网络服务。与直接购买硬件不一样，用户可以像用电一样根据需要购买 IaaS。典型的 IaaS 包括 Amazon Web Services（AWS），Google Compute Engine（GCE）等。PaaS 提供给客户的服务是把客户采用提供的开发语言和工具开发的或收购的应用程序部署到供应商的云计算基础设施上去。所以，PaaS 主要是开发人员用来开发和定制应用的框架，它通过在云端提供支持应用程序部署、运行和维护的基础设施，使得应用程序的开发、测试和部署变得快速、简单和高效。典型的 PaaS 项目包括 Salesforce、Google App Engine、Apprenda。其中，Apprenda 云计算平台是为企业 IT 提供了在他们选择的基础架构上创建一个支持 Kubernetes 的共享服务，并将其提供给各业务部门的开发人员。SaaS 提供给客户的服务是运营商运行在云计算基础设施上的应用程序，用户可以在各种设备上通过客户端界面访问。目前，SaaS 构成了全球最大的云市场，并且现在还在快速增长。大多数 SaaS 应用可以直接从 Web 浏览器访问，无须任何下载和安装。典型的 SaaS 包括 Google Apps，iCloud 等。

4. 云计算的服务类型

从服务方式来划分，云计算可分为三种：为公众提供开放的计算、存储等服务的"公共云"，如百度的搜索和各种邮箱服务等；部署在防火墙内，为某个特定组织提供相应服务的"私有云"；以及将以上两种服务方式结合的"混合云"。

2.3.2 云计算的关键技术

1. 体系结构

实现云计算需要创造一定的环境与条件，尤其是体系结构必须具备以下关键特征：

（1）系统必须智能化，具有自治能力，在减少人工作业的前提下实现自动化处理平台智地响应要求，因此云系统应内嵌有自动化技术。

（2）面对变化信号或需求信号，云系统要有敏捷的反应能力，所以对云计算的架构有一定的敏捷要求。与此同时，随着服务级别和增长速度的快速变化，云计算同样面临巨大挑战，而内嵌集群化技术与虚拟化技术能够应付此类变化。

云计算平台的体系结构由用户界面、服务目录、管理系统、部署工具、监控和服务器集群组成：① 用户界面，主要用于云用户传递信息，是双方互动的界面。② 服务目录，顾名思义是提供用户选择的列表。③ 管理系统，指的是主要对应用价值较高的资源进行管理。④ 部署工具，能够根据用户请求对资源有效地进行部署与匹配。⑤ 监控，主要对云系统上的资源进行管理与控制并制定措施。⑥ 服务器集群，包括虚拟服务器与物理服务器，隶属管理系统。

2. 资源监控

云系统上的资源数据十分庞大，同时资源信息更新速度快，精准、可靠的动态信息需要有效途径来确保信息的快捷性。云系统能够为动态信息进行有效部署，同时兼备资源监控功能，有利于对资源的负载、使用情况进行管理。此外，资源监控作为资源管理的"血液"，对整体系统性能起关键作用，一旦系统资源监管不到位，信息缺乏可靠性，那么其他子系统引用了错误的信息，必然对系统资源的分配造成不利影响。因此贯彻落实资源监控工作刻不容缓。资源监控过程中，只要在各个云服务器上部署 Agent 代理程序便可进行配置与监管活动，比如通过一个监视服务器连接各个云资源服务器，然后以周期为单位将资源的使用情况发送至数据库，由监视服务器综合数据库有效信息对所有资源进行分析，评估资源的可用性，最大限度提高资源信息的有效性。

3. 自动化部署

科学进步的发展倾向于半自动化操作，实现了出厂即用或简易安装使用。基本上计算资源的可用状态也发生转变，逐渐向自动化部署发展。对云资源进行自动化部署指的是基于脚本调节的基础上实现不同厂商对于设备工具的自动配置，用以减少人机交互比例，提高应变效率，避免超负荷人工操作等现象的发生，最终推进智能部署进程。自动化部署通过自动安装与部署来实现计算资源由原始状态变成可用状态。其在计算中表现为能够划分、部署与安装虚拟资源池中的资源以给用户提供各类应用服务，包括了存储、网络、软件以及硬件等。系统资源的部署步骤较多，自动化部署主要是利用脚本调用来自动配置、部署与配置各个厂商设备管理工具，保证在实际调用环节能够采取静默的方式来实现，避免了繁杂的人际交互，让部署过程不再依赖人工操作。除此之外，数据模型与工作流引擎是自动化部署管理工具的重要部分。一般情况下，对于数据模型的管理就是将具体的软硬件定义在数据模型当中即可；而工作流引擎指的是触发、调用工作流，以提高智能化部署为目的，善于将不同的脚本流程在较为集中与重复使用率高的工作流数据库当中应用，有利于减轻服务器工作量。

4. 资源虚拟化

为了实现云计算的资源供给，需要将实际的软硬件功能共享出来，即虚拟化的过程。虚拟化在云计算中扮演着重要的角色，可以将一台或多台实体计算机虚拟为多台逻辑计算机，每台逻辑计算机都可以安装不同的操作系统和应用软件，为不同的应用划分独立的空间而不会相互产生影响，从而提升计算机的资源使用效率。虚拟化的出现重新定义与分配了软硬件基础资源，为资源的弹性分配、策略调度、互联共享提供了可能，并且能够服务于云机器人领域灵活多变的应用需求。

虚拟化实现的核心在于虚拟机管理组件（Virtual Machine Monitor，VMM），它是一种允许其他操作系统和应用程序在客户机中共享一套物理硬件的管理软件，负责协调客户机和虚拟机之间的信息传递。一般地，虚拟机管理组件包含三个模块：调度器、分配器与解释器。调度器是虚拟机管理组件的入口，将虚拟机指令传输给其他模块。分配器则在虚拟机需要执行改变其硬件资源分配的操作指令时，负责分发相应的系统资源给对应的虚拟机。解释器则是由一组特定的程序指令组成，当虚拟机需要时执行某些特殊指令。云计算虚拟化的基本架构如图 2.3.2 所示。

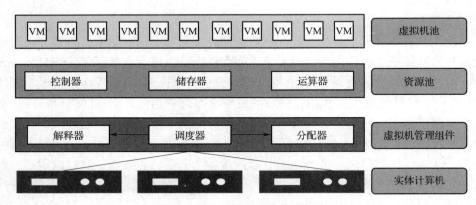

图 2.3.2　云计算虚拟化基本架构

2.3.3　云计算和云平台在智慧消防中的应用

在消防工作中，人员、场所（高层楼宇地下场所、商场、市场等）、物品（危化品及易燃、易爆物品等）、流程、水源（消火栓、消防水源、天然水源等）等时刻产生大量有用的数据，智慧消防运用物联网技术采集数据，使用"消防云端"汇总分析这些数据，并通过计算机、手机、平板电脑等终端，分级分类为监督检查、灭火救援等工作提供信息支撑，指导消防工作开展，打通各类业务之间的壁垒，实现数据流、业务流、管理流的高度融合，这是消防工作的发展方向。云计算在消防方面的应用主要表现在以下方面。

1. 建设消防云计算平台

消防云计算平台整合了现有的虚拟化资源，并依托警用地理信息系统、无线集群、视频监控系统，建设纵向贯通、横向集成、互联互通、高度共享、适应实战需求的信息指挥中心，推进指挥扁平化、动态布警网格化，提升指挥调度和应急处置效能；平台智能整合"云数据"，以市级、区级、基层三级消防灭火救援中心共享协作为架构，建立集中、统一的全市应急信息资源大数据平台；集中和整合各类消防情报信息数据和各类视频数据，统一数据接口访问方式，开放数据资源目录，建立接口组件标准，实现数据互联，强化对数据的挖掘分析。

2. 建设城市消防云监控系统

大数据系统与公共聚集场所、危化品生产储运等重点单位的监控系统以及灭火救援中心自动报警监控系统联网，对重点单位、人员密集场所的消防控制室、消防设施（自动报警装置、自动灭火装置、消防通道、闭火门、楼梯、自动喷淋装置及高层建筑的楼层水压装置等）实施远程监控，将消防安全重点单位和派出所列管单位户籍化信息、消防安全评估结果、单位建筑信息、地下工程数据等一并实时导入消防云地理信息系统平台，在终端上直观展现各类单位的概况，即消防设施、建筑总体的情况以及城市地下、空中管网工程的情况，实现对重点单位的有效动态监管，为火灾防控、灭火救人、火因调查等工作提供信息依据。

3. 建设"一张图"可视化指挥系统

"一张图"可视化指挥系统基于大数据、大比例尺地理信息系统（Geographic Information System，GIS）、视频监控等技术手段，将受灾报警地点全方位定位在消防云地理信息系统上，使报警定位更精确。"一键式调度"将警情语音数据以广播形式发送到灭火救援指挥员、联动单位，同时搜寻相关预案、语音导航、交通监控诱导等信息，全方位、多角度地将整个灭火救援行动以音、视频形式展现在平台上，实现火情信息更精准，辅助决策更有力，作战全程更直观的目标。该系统包括应急火警受理、消防指挥调度、火场通信、消防图像信息、消防车辆动态管理、灭火救援预案管理、消防情报信息管理、消防图文显示、消防指挥决策支持、重大危险源评估、指挥模拟训练等子系统。

此外，整合数据资源和整合消防队伍管理系统也是云计算在消防方面的应用表现。

2.4 大数据技术

2.4.1 大数据技术概述

大数据技术是指从海量多源异构数据中快速获得有价值信息的一种技术。大数据技术可应用于大规模并行处理数据库、数据挖掘、分布式文件系统、分布式数据库、云计算平台等。

1. 大数据技术最核心的价值

大数据技术最核心的价值在于存储和分析海量的数据，其战略意义不在于掌握庞大的数据信息，而在于专业化处理这些含有意义的数据。换而言之，如果把大数据技术比作一种资产，那么这种资产实现增值的关键在于提高对数据的"加工能力"，通过"加工"实现数据的"增值"。

2. 大数据分析的基本要求

（1）可视化分析。大数据分析的使用者包括大数据分析专家和普通用户，这两者对大数据分析最基本的要求就是可视化分析，因为可视化分析能够直观地呈现大数据的特点，且使用方便。

（2）数据挖掘算法。大数据分析的理论核心是数据挖掘算法，数据挖掘算法是根据数据创建的一组试探算法和计算的综合模型。各种数据挖掘算法基于不同的数据类型和格式，能更加科学地呈现数据本身的特点，能深入数据内部，挖掘公认的价值；同时，数据挖掘算法的运用不仅能提高大数据处理的数量，也能提高大数据处理的速度。

（3）预测性分析。大数据分析最终的应用领域之一就是预测性分析即从大数据中挖掘其特点，科学地建立模型，通过模型代入新的数据，从而预测未来的数据。

（4）语义分析。大数据分析广泛应用于网络数据挖掘，可从用户的搜索关键词、标签关键词或其他输入语义来分析和判断用户的需求，从而带来更好的用户体验和广告匹配。

（5）数据质量和数据管理。大数据分析离不开数据质量和数据管理，高质量的数据和有效的数据管理，无论是在学术研究还是在商业应用领域都能保证分析结果的真实性和可靠性。

2.4.2　大数据与云计算

越高层级、越多层面的数据汇聚在一起才能真正被称为大数据。分析这种类型数据得出的结果更全面、更立体、更实用。对消防工作而言，最大限度地整合单位信息、消防设施信息是利用好大数据的前提和基础。这些数据来自社会的方方面面，数据的内容不同，存在的形式也不同，网络日志、音频、视频、图片、地理位置信息等非结构化的数据越来越多，对数据的处理能力提出了更高的要求。大数据就像漂浮在海洋中的冰山，我们只能看到冰山一角，绝大部分都隐藏在水面之下，而发掘数据价值、征服数据海洋的"动力"就是云计算。大数据是云计算的基础和支撑，如果只有云计算，没有大数据，那云计算就是无源之水，无本之木。云计算是大数据价值的挖掘和实现工具，如果只有大数据，没有云计算，那大数据就如同一盘散沙，毫无意义。

2.4.3　基于大数据的数据挖掘

数据挖掘是大数据应用的最核心部分。因为在数据挖掘过程中，会发现大数据的价值所在。在实际应用中，根据所需数据的应用需求对数据进行处理和分析，传统的数据挖掘方法有机器学习、智能算法、统计分析等，而随着并行计算、云计算技术的应用，数据挖掘方法在数据处理与分析能力上有了大幅度的提升。

Google 公司在数据挖掘方面无疑是做得最先进的一个，Google 作为互联网大数据应用最为广泛的公司，于 2006 年率先提出了"云计算"的概念，其内部各种数据的应用都是依托 Google 自己研发的一系列云计算技术，例如分布式文件系统 GFS、分布式数据库 BigTable、批处理技术 MapReduce 以及开源实现平台 Hadoop 等。这些技术平台的产生，提供了对大数据进行处理、分析的手段。

当然，对于广大的数据信息用户来讲，最关心的并非是数据挖掘的处理过程，而是对大数据分析结果的解释与展示。因此，在一个完善的数据挖掘流程中，数据结果的解释步骤至关重要。若数据分析的结果不能得到恰当的显示，则会对数据用户产生困扰，甚至会误导用户。传统的数据显示方式是用文本形式下载输出或用户个人电脑显示处理结果，但随着数据量的加大，数据分析结果往往也越复杂，用传统的数据显示方法已经不足以满足数据分析结果输出的需求。因此，为了提升数据解释、展示能力，引入数据可视化技术作为解释大数据最有力的方式，可视化技术形象地向用户展示数据分析结果，更方便对结果的理解和接受。常见的可视化技术有基于集合的可视化技术、基于图标的技术、基于图像的技术、面向像素的技术和分布式技术等。

2.4.4　大数据在智慧消防中的应用

大数据在消防工作中的现实意义在于有效利用各类数据资源，创新实战化应急体系，拓展城市消防管理监控系统，促进队伍的正规化管理，实现监督管理动态化、统计分直观化、调度指挥可视化、社会服务便民化和队伍管理科技化。

1. 采集数据资源

海量数据的采集与应用是大数据应用的首要前提，大数据建设首先依赖大量基础数据的获取。大数据系统可打通业务工作与信息化应用、基层实战与机关决策之间的环节，实现数据流、业务流和管理流的高度融合，使海量基础数据源源不断地汇聚到大数据平台，通过深度学习、云计算等数据挖掘技术被加工成有价值的火灾形势分析报告和业务指令，并将其推送到各级、各部门，从而形成基础信息化与灭火救援实战化的相辅相成、相互促进的良性机制，保障大数据服务基层消防实战作用的有效发挥。

2. 实现消防救灾管理动态化

应用大数据技术，消防救援人员可以在一个集成门户上查阅社会消防重点单位的情况，还可以随时存储和查询重点单位的数据库。相关人员输入建筑物的名称后，该建筑物内的喷淋、附近消火栓的位置全部一览无余。管理人员平时动态监控单位的状况，遇有火警时可迅速做好灭火方案，把握最佳的灭火时机。大数据将消防与社会重点单位的视频监控联网，实现对重点单位的动态管理和巡查。

3. 建立火情统计分析模型

计算机数据终端可基于时间、辖区、火情类型三个维度进行火情统计值的同比、环比分析，使用颜色块来展示火情的态势。移动计算终端可进行四色预警，以"市—区—街道"为单位，以一定时间段内的某种类型的警情数值为基础，将该数值与通过模型计算得出的预警临界值进行比较，依次通过"红、橙、黄、绿"等颜色表示当前区域的火险等级。数据终端可根据消防灭火救援响应速度、服务指标等因素，计算消防站能辐射的救援范围，通过叠加辖区内或辖区间的站点服务半径，分析空间上站点服务的薄弱区域，指导消防力量的部署和消防设施的规划。

4. 实现消防指挥调度可视化

消防指挥中心通过消防灭火救援系统，以"GIS、通信调度、移动指挥和视频图像"等为基础，集多渠道报警定位、消防力量出警、配置情况、消防警情态势、视频监控、消防监督管理于一体，实现可视化指挥。接到报警后，通过全球定位系统、手机定位系统，确定警情现场位置，了解附近消防救援站的力量配置，系统自动生成方案，自动发送短信，并绑定相关指挥员的手机等通信工具，将警情第一时间传达给出警员、指挥员并快速出车。出警员到场后，可以进行二次定位，为警情分析研判提供准确的数据。现场情况可以在第一时间回传给消防指挥中心，用于联动指挥调度。

2.5 无线传感器网络

2.5.1 无线传感器网络系统概述

1. 无线传感器网络的含义

无线传感器网络综合了传感器技术、嵌入式计算技术、现代网络及无线通信技术、分布式信息处理技术等，能够通过各类集成化的微型传感器的协作进行实时监测、感知和采集各种环境或监测对象的信息，通过嵌入式系统对信息进行处理，并通过随机自组织无线通信网络，以多跳中继方式将所感知信息传送到用户终端，从而真正实现"无处不在的计算"的理念。无线传感器网络由部署在监测区域内大量的廉价微型传感器节点组成，通过无线通信方式形成一个多跳的自组织的网络系统，其目的是协作地感知、采集和处理网络覆盖区域中感知对象的信息，并发送给观察者。传感器、感知对象和观察者构成了传感器网络的三个要素。无线传感器网络的研究采用系统发展模式，因而必须将现代先进的微电子技术、微细加工技术、系统设计技术（System-On-Chip，SOC）、纳米材料与技术、现代信息通信技术、计算机网络技术等融合，以实现其微型化、集成化、多功能化及系统化、网络化，特别是实现无线传感器网络特有的超低功耗系统设计。

2. 无线传感器网络的特性

无线传感器网络作为一种新型的信息获取系统，除了具有 Ad-hoc 自组织网络的移动性、断接性、电源能力局限性等共同特征以外，与目前各种现有网络相比，无线传感器网络还具有以下显著特点：

（1）基于应用的网络。无线传感器网络是无线网络和数据网络的结合，与以往的计算机网络相比，它更多的是以数据为中心。与传统网络适应广泛的应用程序不同的是，由微型传感器节点构成的无线传感器网络一般是为了某个特定的需要设计的，是一种基于应用的无线网络。各个节点能够协作地实时监测、感知和采集网络分布区域内的各种环境或监测对象的信息，并对这些数据进行处理。从而获得详尽而准确的信息，将其传送到需要这些信息的用户。

（2）大规模网络。为了获取精确信息，在监测区域通常部署大量传感器节点，传感器节点数量可能达到成千上万，甚至更多。通过不同空间视角获得的信息具有更大的信噪比；通过分布式处理大量采集的信息能够提高监测的精确度，降低对单个节点传感器的精度要求；大量冗余节点的存在，使系统具有很强的容错性能；大量节点能够增大覆盖的监测区域，减少洞穴或者盲区。

（3）自主组网、自维护。一个无线传感器网络当中，可能包括成百上千或者更多的传感节点，这些节点通过随机撒播等方式进行安置。对于由大量节点构成的传感网络而言，手工配置是不可行的，因此网络需要具有自组织和自动重新配置能力。同时，单个节点或者局部几个节点由于环境改变等原因而失效时，网络拓扑应能随时间动态变化。因此，网络应具备维护动态路由的功能，才能保证网络不会因为节点出现故障而瘫痪。无线传感器网络的自组织性要能够适应这种网络拓扑结构的动态变化。

（4）与物理世界融为一体。在无线传感器网络当中，各节点内置不同形式的传感器，用以测量热、红外、声呐、雷达和地震波信号等，从而探测包括温度、湿度、噪声、光强度、压力、土壤成分、移动物体的大小、速度和方向等众多人们感兴趣的物理现象。传统的计算机网络以人为中心，而无线传感器网络则是以数据为中心。

（5）多跳路由。网络中节点通信距离有限，一般在几十米到几百米范围内，节点只能与它的邻居直接通信。如果希望与其射频覆盖范围之外的节点进行通信，则需要通过中间节点进行路由。网络的多跳路由使用网关和路由器来实现，而无线传感器网络中的多跳路由是由普通网络节点完成的，没有专门的路由设备。这样每个节点既可以是信息的发起者，也可以是信息的转发者。

（6）动态性网络。无线传感器网络是一个动态的网络，它的拓扑结构可能因为新节点的加入、环境因素或电能耗尽造成的传感器节点出现故障或失效、环境条件变化可能造成无线通信链路的带宽变化甚至时断时通等因素而改变，这就要求传感器网络能够适应这种变化，具有动态的系统可重构性。

（7）节点能量、存储空间和处理能力有限。由于在无线传感器网络中，传感节点数量众多，为降低网络成本，传感节点的体积、存储空间、处理能力都受到很大的限制。通常情况下，传感节点都布置在偏远、恶劣的环境中，能源由电池提供且难以做到能源的替换，节点能量十分有限。如何降低能耗或者让节点具备成熟的自动获取能源的能力，是目前无线传感器网络设计中一个很重要的技术问题。

2.5.2 无线传感器网络的组网与定位

由于传感器节点是体积微小的嵌入式设备，采用能量有限的供电，它的计算能力和通信能力十分有限，所以在网络 MAC 协议、路由协议、应用层协议以及拓扑控制机制设计方面要充分考虑有效性和计算能力的均衡，建立具有良好服务质量（QoS）的网络组网机制，实现 WSN 数据的高效采集和可靠交互。实现传感器网络智能监控功能最基本的要求是建立拓扑结构合理、覆盖范围广、数据链路通畅、效能优化的自组织网络系统。目前，基于 OSI 模型的分层控制协议栈机制和基于跨层优化思想的 QoS 协议是传感器网络组网的主要研究方向，而在网络拓扑结构设计和覆盖优化机制方面也向着层次性、三维立体模型的方向开展相关研究工作。

无线传感器网络主要用于密集地部署在监控区域来监控某一物理信息（如光照、温度、压力等），大多数情况下传感器节点是随机部署的，传感器网络中的大部分节点位置不能事先确定。但位置信息是传感器节点采集数据中不可或缺的一部分，没有位置信息的数据几乎没有意义，确定采集数据的节点位置及事件发生的地点是传感器网络基本功能之一。因此，传感器节点定位技术成为传感器网络研究的一个重要方向。无线传感器网络定位是指自组织的网络通过特定的方法提供节点位置信息，自组织网络定位分为节点定位和目标定位，确定传感器节点的位置信息称为"节点定位"，确定网络覆盖范围内一个事件或一个目标的位置信息称为"目标定位"。节点定位是网络自身属性的确定过程，可以通过人工标定或各种节点自定位算法实现；目标定位是利用位置信息已知的节点确定事件或目标在网络中所处的位置。目前，传感器网络的视距定位问题基本得到了比较好的解决，基于 UWB 的测距与定位技术能够很好地实现节点的精确定位。但针对视距/非视距混合的复杂移动定位问题以及三维空间定位问题，仍然是传感器网络研究的热点和难点问题。

2.5.3　无线传感器网络在智慧消防中的应用

将无线传感器网络应用于智慧消防领域，主要是利用传感器网络具有的长期持续监测能力和快速应急响应能力，运用无线传感网技术、计算机技术以及微电子技术等，建立以数据为中心的火灾、地震等重大灾害的监控预警系统。智慧消防预警系统包含数据采集、数据处理、数据传输、后端数据的解码重构及判断和最后的火灾预警。具体的应用包括以下内容。

1. 火灾智能监控预警系统

多媒体传感器网络系统利用复合的传感器节点来采集多种类型火灾特征环境参数以及视频数据，并对该数据信息进行存储、处理和传输。各个复合感知节点不仅作为终端节点使用，而且还扮演着路由节点的角色。每个感知节点之间可以相互通信，所有的感知节点和汇聚节点共同组成一个 Ad-hoc 型无线传感网。这样构建的火灾智能监控预警系统能够实时监控目标环境，并对采集的各项数据进行有效分析，从而在发生火灾的初期，能够达到及时消防预警的目的。

2. 火灾隐患监控系统

利用无线传感器网络对特定区域能够长期稳定监控的特点，在室内环境或者森林、山脉、草原等大范围区域进行传感器网络节点的布置，监控该区域的温度、湿度、风力、空气成分等消防参数。基于无线传感器网络采集的数据信息建立多数据融合的火灾隐患分析预测模型，对特殊区域的火灾隐患因素和火灾发生概率进行分析判断，为消防的社会化综合管控提供支持。

3. 灭火救援现场的定位系统

在发生火灾的室内或密闭空间，GPS 等常用定位系统无法发挥效用，这时可以充分利用无线传感器网络精确定位的技术优势，建立以传感器网络、惯导系统、视频信息为主体的多模态定位系统。无线传感器网络具有较高的定位精度，而且不像视频摄像头容易受火焰、烟尘的影响无法正常采集有效信息，也不像惯导系统因误差累计而造成定位精度的大幅下降。同时，无线传感器网络快速组网和动态拓扑机制也能够满足在复杂灾难现场的动态组织与定位功能实现，是很好的全局定位信息感知系统，能够与其他定位技术相结合为消防员提供可靠的位置信息以及环境态势信息，为消防员高效开展灭火救援工作发挥巨大的作用。

2.6　人工智能与机器学习方法

2.6.1　人工智能技术概述

人工智能（Artificial Intelligence，AI）是研究和开发用于模拟、延伸和扩展人的智能的理论、方法、技术及应用系统的一门新的技术科学。

人工智能作为计算机科学的一个分支出现于 20 世纪 50 年代。它有两个主要目标：一是通过在计算机上建模和模拟来研究人类智能，二是通过像人类一样解决复杂问题使计算机更有用。从出现到 20 世纪 80 年代，大多数人工智能系统都是人工编程的，通常使用功能性、声明性或其他高级语言（例如 LISP 或 Prolog）。语言中的符号代表了现实世界中的概念或抽象概念，构成了大多数知识表示的基础。

在人工智能理论提出的初期，研究人员感兴趣的是通用人工智能，或创造出很难和人类区分、可作为系统运行的机器。但由于人工智能理论与技术的复杂性，大多数人专注于解决某一具体领域的问题，如感知、推理、记忆、语音、运动等。而从 20 世纪 80 年代末到 21 世纪，人们研究了多种机器学习方法，包括神经网络、生物学和进化技术以及数学建模。早期最成功的结果是通过机器学习的统计方法获得的。线性和逻辑回归、分类、决策树、基于内核的方法（即支持向量机）等算法大受欢迎。近年来，深度学习被证明是构建和训练神经网络以解决复杂问题的有效方法。其基本训练方法与之前相似，但是有一些改进推动了深度学习的成功，包括：有很多层并大得多的网络；庞大的数据集，包含数千到数百万个训练示例；神经网络性能、泛化能力和跨服务器分布训练能力的算法改进；更快的硬件（如 GPU 和 Tensor 核心），可以处理更多数量级的计算，这要求使用大型数据集来训练复杂的网络结构。

目前，新一代的人工智能主要依赖的不再是符号知识表示和程序推理机制，而是建立在新的基础上，即机器学习。无论是传统的基于数学的机器学习模型或决策树，还是深度学习的神经网络架构，当今人工智能领域的大多数人工智能应用程序都是基于机器学习技术。

2.6.2　典型机器学习方法

机器学习（Machine Learning，ML）是研究怎样使用计算机模拟或实现人类学习活动的科学，是人工智能中最具智能特征，最前沿的研究领域之一。机器学习技术涉及概率论知识、统计学知识、近似理论知识和复杂算法知识，其理论和方法已被广泛应用于解决工程应用和科学领域的复杂问题。机器学习方法可以分为有监督学习、无监督学习和强化学习。有监督学习是指输入数据中有标识信息，以概率函数、代数函数或人工神经网络为基函数模型，采用迭代计算方法，学习结果为函数。无监督学习是指输入数据中无标识信息，采用聚类方法，学习结果为类别，典型的无监督学习有发现学习、聚类学习、竞争学习等。强化学习（增强学习）是以环境反馈（奖/惩信号）作为输入，以统计和动态规划技术为指导的一种学习方法。典型的机器学习方法包括以下几种。

1. 决策树算法

决策树及其变种是一类将输入空间分成不同的区域，每个区域有独立参数的算法。决策树算法充分利用了树形模型，根节点到一个叶子节点是一条分类的路径规则，每个叶子节点象征一个判断类别。先将样本分成不同的子集，再进行分割递推，直至每个子集得到同类型的样本，从根节点开始测试，到子树再到叶子节点，即可得出预测类别。此方法的特点是结构简单、处理数据效率较高。

2. 朴素贝叶斯算法

朴素贝叶斯算法是一种分类算法。它不是单一算法，而是一系列算法，它们都有一个共同的原则，即被分类的每个特征都与任何其他特征的值无关。朴素贝叶斯分类器认为这些"特征"中的每一个都独立地贡献概率，而不管特征之间的任何相关性。然而，特征并不总是独立的，这通常被视为朴素贝叶斯算法的缺点。简而言之，朴素贝叶斯算法允许使用概率给出一组特征来预测一个分类。与其他常见的分类方法相比，朴素贝叶斯算法需要的训练很少。在进行预测之前必须完成的唯一工作是找到特征的个体概率分布的参数，这通常可以快速且确定地完成。这意味着即使对于高维数据点或大量数据点，朴素贝叶斯分类器也可以表现良好。

3. 支持向量机算法

基本思想可概括如下：利用一种非线性的变换将空间高维化，然后，在新的复杂空间取最优线性分类表面。由此种方式获得的分类函数在形式上类似于神经网络算法。支持向量机是统计学习领域中一个代表性算法，但它与传统方式的思维方法很不同，输入空间、提高维度从而将问题简短化，使问题归结为线性可分的经典解问题。支持向量机应用于垃圾邮件识别，人脸识别等多种分类问题。

4. 随机森林算法

控制数据树生成的方式有多种，根据前人的经验，大多数时候更倾向选择分裂属性和剪枝，但这并不能解决所有问题，偶尔会遇到噪声或分裂属性过多的问题。基于这种情况，总结每次的结果可以得到袋外数据的估计误差，将它和测试样本的估计误差相结合可以评估组合树学习器的拟合及预测精度。此方法的优点有很多，可以产生高精度的分类器，并能够处理大量的变数，也可以平衡分类资料集之间的误差。

5. 人工神经网络算法

人工神经网络与神经元组成的异常复杂的网络此大体相似，是个体单元互相连接而成，每个单元有数值量的输入和输出，形式可以为实数或线性组合函数。它先要以一种学习准则去学习，然后才能进行工作。当网络判断错误时，通过学习使其减少犯同样错误的可能性。此方法有很强的泛化能力和非线性映射能力，可以对信息量少的系统进行模型处理。从功能模拟角度看具有并行性，且传递信息速度极快。

6. Boosting 与 Bagging 算法

Boosting 是一种通用的增强基础算法性能的回归分析算法。不需构造一个高精度的回归分析，只需一个粗糙的基础算法即可，再反复调整基础算法就可以得到较好的组合回归模型。它可以将弱学习算法提高为强学习算法，可以应用到其他基础回归算法，如线性回归、神经网络等，来提高精度。Bagging 和前一种算法大体相似但又略有差别，主要想法是给出已知的弱学习算法和训练集，它需要经过多轮的计算，才可以得到预测函数列，最后采用投票方式对示例进行判别。

7. EM（期望最大化）算法

在进行机器学习的过程中需要用到极大似然估计等参数估计方法，在有潜在变量的情况下，通常选择 EM 算法，不是直接对函数对象进行极大估计，而是添加一些数据进行简化计算，再进行极大化模拟。它是对本身受限制或比较难直接处理的数据的极大似然估计算法。

8. 深度学习

深度学习（Deep Learning，DL）是机器学习领域中一个新的研究方向，它被引入机器学习使其更接近于最初的目标——人工智能。

深度学习是学习样本数据的内在规律和表示层次，这些学习过程中获得的信息对诸如文字、图像和声音等数据的解释有很大的帮助。它的最终目标是让机器能够像人一样具有分析学习能力，能够识别文字、图像和声音等数据。深度学习是一个复杂的机器学习算法，在语音和图像识别方面取得的效果，远远超过先前相关技术。

深度学习在搜索技术、数据挖掘、机器学习、机器翻译、自然语言处理、多媒体学习、语音、推荐和个性化技术以及其他相关领域都取得了很多成果。深度学习使机器模仿视听和思考等人类活动，解决了很多复杂的模式识别难题，使人工智能相关技术取得了很大进步。

2.6.3 基于深度学习的环境感知技术

环境感知就是针对用户需求利用各类感知手段和装备，对特定区域空间内的特定目标、位置关系以及地形组成与结构等信息进行实时掌握的技术。目前，环境感知的主要研究方向是基于语义信息的地图实时构建技术。而一般意义上的语义地图是指将基于深度神经网络、分布式学习方法等技术，将环境语义分割、目标检测、实例分割等技术用于视觉 SLAM（即时定位与地图构建）中，其利用方式主要在特征点选取、相机位姿估计等。在这种环境感知技术中，语义和 SLAM 看似是两个独立的模块，实际却是相辅相成的关系。一方面，语义信息可以帮助 SLAM 提高建图和定位的精度，特别是对于复杂的动态场景，借助语义信息，我们可以将数据关联从传统的像素级别升级到物体级别，从而提升复杂场景下的定位精度。另一方面，借助视觉 SLAM 技术计算出物体之间的位置约束，可以对同一物体在不同角度、不同时刻的识别结果进行一致性约束，从而提高语义理解的精度。而目前，无论是语义信息提取与识别，还是面向 SLAM 的点云特征提取，最有效的解决方案就是利用深度学习方法构建模型。例如，目前典型的视觉 SLAM 技术就是以估计摄像机位姿为主要目标，通过多视几何理论来重构 3D 地图。为提高数据处理速度，视觉 SLAM 算法首先提取稀疏的图像特征，基于卷积神经网络建立特征点之间的匹配，从而实现帧间估计和闭环检测。

深度学习算法是当前计算机视觉领域主流的识别算法，其依赖多层神经网络学习图像的层次化特征表示，与传统识别方法相比，可以实现更高的识别准确率。同时，深度学习还可以将图像与语义进行关联，与 SLAM 技术结合语义地图及其关键技术研究生成环境的语义地图，构建环境的语义知识库，供机器人进行认知与任务推理，提高机器人服务能力和人机交互的智能性。机器人利用语义信息与人类交互的方式不仅可以让其通过理解环境语义信息增强路径规划的能力，更能符合人类正常交互的思维习惯，减少人机交互中的障碍。

2.6.4 人工智能与机器学习在智慧消防中的应用

以深度学习、大数据和并行计算为代表的理论与技术的突破实现了人工智能算法、计算力与使用场景的深入融合，从而实现了人工智能应用的大范围扩展。而针对情况复杂多变的消防救援与管理工作，人工智能和机器学习可以充分发挥其技术优势，在目标定位与识别、场景三维重建、火灾态势估计以及灾情状态数据挖掘等方面，辅助消防指挥员和战斗员进行分析与决策。

1. 灾难现场的目标定位与识别

基于深度学习模型的视觉目标定位与识别是人工智能应用的重要方向。在火灾、地震等灾难现场针对被困人员、消防设施以及其他任务目标的识别是极为重要的任务，而开展基于语义信息的场景态势感知也需要对环境中的目标进行有效定位与识别。目前，已有多种基于视觉的目标定位系统，并投入不同的应用场景中。而面向干扰因素多、情况复杂的灾难现场开展目标识别还需要在目标信息采集模式以及特征提取模式上进行深入研究，解决因烟尘、障碍物影响导致视觉感知失效的问题。

2. 灾难现场的环境态势生成

基于感知信息构建反映灾难现场环境特征的三维模型，实现对灾难现场环境态势的感知。目前，主流的方法构建语义三维模型，就是在环境场景三维重建的同时对关键帧进行语义分割。初步计划在筛选出关键帧后，使用卷积神经网络对关键帧进行语义分割，以得到当前关键帧的 2D 语义标签，根据视频传感器的内参和视觉语义里程计估计的相机位姿，将 2D 语义标签反投影到重建的物体模型上，为三维模型的对应元素打上语义标签。随着图像的输入，不断重复位姿估计、分割、三维重建、反投影、打标签的过程，从而得到灾难现场的三维语义地图。

3. 火灾蔓延趋势估计

火灾蔓延趋势是关系到消防救援效率、人民生命财产安全的重要问题。在这方面，人工智能的相关算法与技术可以发挥巨大优势，基于多元参数建立准确的蔓延趋势分析预测模型，帮助消防指挥员及时把握火灾走势，采取有效应急措施。目前，火灾态势预测主要运用元胞自动机分析相关的火灾数据建立数学模型，同时利用神经网络或贝叶斯网络对模型进行优化求解，以实现对特定火灾未来趋势的深度理解。例如，2020 年初澳大利亚森林火灾，相关专家就利用人工智能技术建立了相对准确的火灾蔓延趋势模型，对澳大利亚森林火灾的控制发挥了巨大的作用。

4. 消防风险综合评估

利用各类消防防控数据，人工智能和机器学习算法可以建立消防风险评估模型对不同行业、不同类型的建筑、场所以及设备进行消防风险预测分析。相关研究利用神经网络和支持向量机等典型学习算法对综合性消防数据进行统计特性提取与分析，建立能够全面反映火灾隐患和危险等级的多层次评价指标体系，并对可能出现的问题和对策进行预演与分析，从而为相关社会单位提供降低消防安全风险的改进策略。

2.7 移动通信技术

2.7.1 5G 移动通信技术概述

自 20 世纪 70 年代以来，移动通信从模拟语音通信发展成为今天能提供高质量移动宽带服务的技术，终端用户数据速率达到每秒数兆比特，用户体验也在不断提高。此外，随着新型移动设备的增加，通信业务不断增长、网络流量持续上升，现有的无线技术已无法满足未来通信的需求。

与前几代移动通信相比，第五代移动通信技术（5G）的业务提供能力更加丰富。我国 IMT-2020（5G）推进组发布的 5G 概念白皮书从 5G 愿景和需求出发，分析归纳了 5G 主要技术场景、关键挑战和适用关键技术，提取了关键能力与核心技术特征并形成 5G 概念。2015 年 6 月，国际电信联盟（ITU）将 5G 正式命名为 IMT-2020，并且把移动宽带、大规模机器通信和高可靠低时延通信定义为 5G 主要应用场景。图 2.7.1 展示了不同应用场景下不同的技术要求。5G 不再单纯地强调峰值速率，而是综合考虑 8 个技术指标：峰值速率、用户体验速率、频谱效率、移动性、时延、连接数密度、网络能量效率和流量密度。

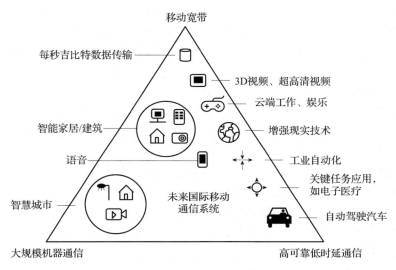

图 2.7.1　5G 应用场景

5G 融合了多类无线接入传输技术和功能网络，包括传统蜂窝网络、大规模多天线网络、认知无线网络（CR）、无线局域网（Wi-Fi）、无线传感器网络（WSN）、小型基站、可见光通信（VLC）和设备直连通信（D2D）等，并通过统一的核心网络进行管控，以提供超高速率和超低时延的用户体验和多场景的一致无缝服务。

5G 网络架构，一方面通过引入软件定义网络（SDN）和网络功能虚拟化（NFV）等技术，实现控制功能和转发功能的分离，以及网元功能和物理实体的解耦，从而实现多类网络资源的实时感知与调配，以及网络连接和网络功能的按需提供和适配；另一方面，进一步增强接入网和核心网的功能，接入网提供多种空口技术，并形成支持多连接、自组织等方式复杂网络拓扑，核心网则进一步下沉转发平面、业务存储和计算能力，更高效实现对差异化业务的按需编排。

在上述技术支撑下，5G 网络架构可大致分为控制、接入和转发平面。其中，控制平面通过网络功能重构，实现集中控制功能和无线资源的全局调度；接入平面包含多类基站和无线接入设备，用于实现快速灵活的无线接入协同控制和提高资源利用率；转发平面包含分布式网关并集成内容缓存和业务流加速等功能，在控制平面的统一管控下实现数据转发效率和路由灵活性的提升。

2.7.2　5G 的关键技术

5G 标志性的关键技术主要体现在超高效能的无线传输技术和高密度无线网络（high density wireless network）技术。其中基于大规模 MIMO（多输入多输出）的无线传输技术将有可能使频谱效率和功率效率在 4G 的基础上再提升一个量级，该项技术走向实用化的主要瓶颈问题是高维度信道建模与估计以及复杂度控制。全双工（full duplex）技术将可能开辟新一代移动通信频谱利用的新格局。超密集网络（ultra dense network，UDN）已引起业界的广泛关注，网络协同与干扰管理将是提升高密度无线网络容量的核心关键问题。

体系结构变革也是新一代无线移动通信系统发展的主要方向。现有的扁平化 SAE/LTE（system architecture evolution/long term evolution）体系结构促进了移动通信系统与互联网的高度融合，高密度、智能化、可编程则代表了新一代移动通信演进的进一步发展趋势，而内容分发网络（CDN）向核心网络的边缘部署，可有效减少网络访问路由的负荷，并显著改善移动互联网用户的业务体验。

1. 大规模 MIMO 技术

多天线技术作为提高系统频谱效率和传输可靠性的有效手段，已经应用于多种无线通信系统，如 3G 系统、LTE、LTE-A、WLAN 等。根据信息论，天线数量越多，频谱效率和可靠性提升越明显。尤其是当发射天线和接收天线数量很大时，MIMO 信道容量将随收发天线数中的最小值近似线性增。因此，采用大数量的天线，为大幅度提高系统的容量提供了一个有效的途径。大规模 MIMO 带来的好处主要体现在：①大规模 MIMO 的空间分辨率与现有 MIMO 相比显著增强，能深度挖掘空间维度资源，使得网络中的多个用户可以在同一时频资源上利用大规模 MIMO 提供的空间自由度与基站同时进行通信，从而在不需要增加基站密度和带宽的条件下大幅度提高频谱效率。②大规模 MIMO 可将波束集中在很窄的范围内，从而大幅度降低干扰。③可大幅降低发射功率，从而提高功率效率。④当天线数量足够大时，最简单的线性预编码和线性检测器趋于最优，并且噪声和不相关干扰都可忽略不计。

2. 基于滤波器组的多载波技术

由于在频谱效率、对抗多径衰落、低实现复杂度等方面的优势，FBMC（滤波器组多载波）技术作为 5G 系统多载波方案的重要选择，吸引了越来越多人的研究兴趣。在 FBMC 中由于原型滤波器的冲击响应和频率响应可以根据需要进行设计，各载波之间不再必须是正交的，不需要插入循环前缀；能实现各子载波带宽设置、各子载波之间的交叠程度的灵活控制，从而可灵活控制相邻子载波之间的干扰，并且便于使用一些零散的频谱资源；各子载波之间不需要同步，同步、信道估计、检测等可在各子载波上单独进行处理。因此，FBMC 尤其适合于难以实现各用户之间严格同步的上行链路。由于在 FBMC 技术中，多载波性能取决于原型滤波器的设计和调制滤波器的设计，而为了满足特定的频率响应特性的要求，要求原型滤波器的长度远远大于子信道的数量，实现复杂度高，不利于硬件实现。因此，发展符合 5G 要求的滤波器组的快速实现算法是 FBMC 技术重要的研究内容。

3. 全双工技术

全双工通信技术指同时、同频进行双向通信的技术。由于在无线通信系统中，网络侧和终端侧存在固有的发射信号对接收信号的自干扰，传统无线通信系统由于技术条件的限制，不能实现同时同频的双向通信，双向链路都是通过时间或频率进行区分的。而全双工技术理论上可提高频谱利用率一倍的巨大潜力，可实现更加灵活的频谱使用，同时由于器件技术和信号处理技术的发展，同频同时的全双工技术逐渐成为研究热点，是 5G 系统充分挖掘无线频谱资源的一个重要方向。

4. 超密集异构网络技术

由于 5G 系统既包括新的无线传输技术，也包括现有的各种无线接入技术的后续演进。5G 网络是多种无线接入技术的融合，如 5G、4G、LTE、UMTS（universal mobile telecommunications system）和 Wi-Fi（wireless fidelity）等共存，既有负责基础覆盖的宏站，也有承担热点覆盖的低功率小站，如 Micro、Pico、Relay 和 Femto 等多层覆盖的多无线接入技术多层覆盖异构网络。在这些数量巨大的低功率节点中，一些是运营商部署经过规划的宏节点低功率节点，更多的可能是用户部署，没有经过规划的低功率节点，并且这些用户部署的低功率节点可能是 OSG（open subscriber group）类型的，也可能是 CSG（closed subscriber group）类型的，从而使得网络拓扑和特性变得极为复杂。因此，在 5G 网络中可能存在同一种无线接入技术之间同频部署的干扰、不同无线接入技术之间由于共享频谱的干扰、不同覆盖层次之间的干扰，如何解决这些干扰带来的性能损伤，实现多种无线接入技术、多覆盖层次之间的共存，是一个需要深入研究的重要问题。

5. 自组织网络技术

5G 系统采用了复杂的无线传输技术和无线网络架构，使网络管理远远比与现有网络复杂，网络深度智能化是保证 5G 网络性能的迫切需要。因此，自组织网络将成为 5G 的重要技术。5G 是融合、协同的多制式共存的异构网络，从技术上看，将存在多层、多无线接入技术的共存，导致网络结构非常复杂。各种无线接入技术内部和各种覆盖能力的网络节点之间的关系错综复杂，网络的部署、运营、维护将成为一个极具挑战性的工作。为了降低网络部署、运营维护复杂度和成本，提高网络运维质量，5G 应该能支持更智能的、统一的自组织网络（SON）功能，能统一实现多种无线接入技术、覆盖层次的联合自配置、自优化、自愈合。由于 5G 采用了大规模 MIMO 无线传输技术，使空间自由度大幅度增加，从而带来天线选择、协作节点优化、波束选择、波束优化、多用户联合资源调配等方面的灵活性。对这些技术的优化，是 5G 系统自组织网络技术的重要内容。

6. 软件定义无线网络

在传统移动互联网络架构中，控制和转发是集成在一起的，网络互联节点（如路由器、交换机）是封闭的，其转发控制必须在本地完成，这使它们的控制功能非常复杂，网络技术创新复杂度高。而软件定义网络（Soft Defined Networking, SDN）技术的基本思路是将路由器中的路由决策等控制功能从设备中分离出来，统一由中心控制器通过软件来进行控制，实现控制和转发的分离，从而使控制更为灵活，设备更为简单。在软件定义网络中，有应用层、控制层、基础设施层。其中控制层通过接口与基础设施层中的网络设施进行交互，实现对网络节点的控制。因此，在这种架构中，路由不再是分布式实现的，而是集中由控制器定义的。同时，在软件定义无线网络中，通过对基站资源进行分片实现基站的虚拟化，从而实现网络的虚拟化，不同的运营商可以通过中心控制器实现对同一个网络设备的控制，支持不同运营商共享同一个基础设施，从而降低运营商的成本。由于采用了中心控制器，未来无线网络中的不同接入技术构成的异构网络的无线资源管理、网络协同优化等也将变得更为方便。

7. 内容分发网络

内容分发网络（Content Distribution Network，CDN）是为了解决互联网访问质量而提出的概念。在传统的内容发布方式中，内容发布由内容提供商的服务器完成，随着互联网访问量的急剧增加，服务器可能处于重负载状态，互联网中的拥塞问题更加突出。CDN 通过在网络中采用缓存服务器，并将这些缓存服务器分布到用户访问相对集中的地区或网络中，根据网络流量和各节点的连接、负载状况以及到用户的距离和响应时间等综合信息，将用户的请求重新导向离用户最近的服务节点上，使用户可就近取得所需内容，解决网络拥挤的状况，提高用户访问网站的响应速度。由于智能终端等应用的日益普及，移动数据业务的需求越来越大，内容越来越多。为了加快网络访问速度，在无线网络中采用 CDN 技术成为自然的选择，CDN 技术在各类无线网络中得以应用，也将成为 5G 系统的一个重要的技术。

2.7.3　5G 在智慧消防中的应用

作为新兴的移动互联技术——5G 在消防领域受到高度重视，为实现消防救援高效率、高可靠性的无线链路和数据交互，5G 技术需要发挥其技术优势。

1. 消防救援现场的高效能通信系统

基于全双工技术和多功率调制的 MIMO 天线设计超长距离的稳定 5G 双向无线通信系统，并将该系统与消防员现有装备进行集成，保障救援现场与智慧中心的语音信息与特殊信息的快速交互。在消防员随身配置的智能设备平台上开发满足无线通信系统需求的 App，开发语音通话、视频图像传输、定位信息交互等特殊功能，以满足消防员或救援机器人在灾难现场救援和安全保障的需要。

2. 超带宽自组织网络系统

基于 5G 的自组织能力和异构网络技术，实现灾难现场的多类型无线网络系统的资源聚合，从而建立消防救援自组织无线网络系统。建立"多跳"中继数据传输机制，将消防员携带通信设备或救援机器人视作网络中的移动节点，利用网络系统中移动节点定位与动态接入机制设计相应的数据快速融合与转发方法，实现消防员或机器人现场采集数据和业务应用数据的实时交互。

2.8　地理信息系统

2.8.1　地理信息系统的概念

地理信息系统（Geographic Information System，GIS）是随着地理科学、计算机技术、遥感技术和信息科学的发展而发展起来的一个学科。在计算机发展史上，计算机辅助设计技术（CAD）的出现使人们可以用计算机处理图形这样的数据，图形数据的标志之一就是图形元素有明确的位置坐标，不同图形之间有各种各样的拓扑关系。简单地说，地理的拓扑关系指图形元素之间的空间位置和连接关系。简单的图形元素如点、线、多边形等；点有坐标（x，y）；线可以看成由无数点组成，线的位置就可以表示为一系列坐标对（x_1，y_1），（x_2，y_2），……，（x_n，y_n）；平面上的多边形可以认为是由闭合曲线形成范围。图形元素之间有多种多样的相互关系，如一个点在一条线上或在一个多边形内，一条线穿过一个多边形等。在实际应用中，一个地理信息系统要管理非常多、非常复杂的数据，可能有几万个多边形、几万条线、上万个点，还要计算和管理它们之间的各种复杂的空间关系。

GIS 作为空间技术和信息技术的交叉技术，其关键技术问题主要集中在数据获取、数据分析、数据呈现这 3 个方面。目前，GIS 技术在这三个关键技术问题上都有巨大的发展。

1. 数据获取

数据是 GIS 应用的基础，数据获取技术是 GIS 的技术之源。在已有存量数据的基础上，GIS 的增量数据源主要包括卫星遥感、定位信息、摄影测量等，数据获取的发展关键在于增量数据源的发展。其中，影像智能识别技术与智能数据匹配技术是目前 GIS 数据获取的前沿性技术。影像智能识别是针对影像解译样本开展深度学习，计算机自动从影像提取要素，实现自动利用卫星影像生产矢量地图。智能数据匹配是利用搜索引擎获取的海量网络信息进行筛选，获得与地理位置相关联的信息，并与地图数据进行匹配，达到快速发现变化，自动进行更新的目的。随着人工智能的不断发展，海量信息的分析匹配能力不断增强，数据匹配的准确性和自动化程度也越来越高。

2. 数据分析

数据分析是 GIS 应用的重要处理手段，现在 GIS 数据分析与大数据、人工智能、云计算等信息技术相结合，从而建立起更为高效的 GIS 数据分析机制。GIS 中的数据分为栅格数据和矢量数据，如何有效地存储和管理这两类数据是 GIS 数据分析的基本问题。在数据分析技术方面，目前 NoSQL、分布式存储、空间数据模型等技术的发展，可以构建 GIS 数据统一管理模型，为更好地应用数据奠定基础。

3. 数据呈现

GIS 应用与其数据呈现能力密不可分。现在，广义的数据呈现包括但不限于地图、图表、手机 App、Web 应用程序等，更是触及最终用户的各种功能。GIS 数据呈现技术的发展与互联网、计算机视觉等领域息息相关。GIS 数据呈现的一个重要应用方面就是构建真实的、无延迟的三维空间模型，实现对大尺度三维场景的精确重现。

2.8.2　地理信息系统（GIS）在智慧消防中的应用

1. GIS 在灭火救援过程中的应用

消防应急终端可以打印关于火灾的相关文字，通过在消防车上安装 GPS，指挥中心的地图上能及时显示车辆的行进路线和具体位置，中心可以随时指挥纠正车辆的路线和位置。应急指挥车上配备计算机，消防 GIS 不仅显示出动命令，还能直接显示消防重点地区、消防重点单位、消防重点部位火灾爆炸或化学灾害事故的救援过程，工作人员能直接查阅处置预案和处置方法。高空瞭望系统将自动搜索到的灾情发展变化情况传输到计算机上，这样，消防救援队伍在出动途中，指挥员根据火势和消防 GIS 提供的信息，预先下达救援车辆作战任务或灭火救人的命令。

2. GIS 在消防通信指挥中的应用

GIS 可以显示研究区域的全域，方便相关人员以小比例尺查看全局，以中比例尺查看局部，以大比例尺查看细部，在比例尺不断增大的同时展现给用户的空间信息内容不断被更新。例如，用户在浏览省（自治区、直辖市）全局时，界面只需显示河流、省级公路 / 铁路以及市县行政分区等全局信息，而随着比例尺的不断增大，界面就需要显示建筑物、公园等具体的空间地物。GIS 结合消防应急指挥系统中不同子系统的各个业务处理进程，多层次、高清晰度、高质量、区域自动切换地显示包含城市地图、街道分布、主要单位分布、重点消防单位分布、水源分布、消火栓分布、消防救援站分布、消防车辆动态分布等信息在内的广域消防地图、接警消防地图、灭火战区地图、灭火预案图，使消防指挥人员直观、方便地获得消防指挥的全方位、多层次的集合信息。

3. GIS 在消防救援现场的应用

在消防救援人员前往火灾现场的途中，GIS 能使导航发挥事半功倍的效果，驾驶员可以通过 GIS 快速了解道路状况，接受指挥中心的指示，现场指挥员同样可以在该系统上查询现场的相关信息。

（1）水源信息。GIS 可以集成消火栓的信息，但精度很差，且不包括为数众多的新消火栓。火警出车单仅标示该路段的消火栓数量，不能说明其具体的位置，传统方法主要是通信员为驾驶员提供火场附近可使用的消火栓的位置，以便驾驶员及时停靠消火栓附近，保证水源供应。如果不能解决消火栓精确定位的问题，消防救援队伍在灭火救援的过程中将面临极大的难题。

传统在地图上为消火栓进行精确定位的方法较为困难，因为消火栓的目标相对较小，只要在地图的制作阶段有一点失误，其信息提示功能就会被极大地弱化。所以，在制作消火栓信息的过程中，可以使用 GPS 为消火栓确定经度、纬度值，这样就可以通过 GIS 为驾驶员提供水源的精确位置。

（2）目标信息。消防救援站管辖区域内的各级重点单位少则几十家，多则几百家。基层队站干部的流动性比较大，而消防救援站的日常工作又十分繁杂，消防救援站指挥员一般只了解重点单位的地址、功能、水源等信息，对其内部结构所知甚少。不掌握建筑物内部结构的详细情况，救援队伍内攻时就没有明确的目标，从而导致延误灭火、救人的时机。预案虽然可以为灭火救援提供较多信息，但要求消防救援站指挥员熟知每个单位的预案也是不现实的。在出警途中，指挥中心完全可以将预案通过无线网络传送至消防车上的GIS 中以供指挥员参考。如果条件允许，应将一些非重点单位（比如居民住宅）的基本建筑结构信息存入数据库，这样可以大大提高准确性，提高灭火救援的效能。

4. GIS 在消防力量部署中的应用

在一些比较大的火灾现场，由于地形复杂、参战车辆比较多且应急救援力量到场时缺乏统一的指挥，车辆停放混乱的现象屡见不鲜，这不仅影响救援工作的迅速展开，对参战队伍的自身安全也具有较大的威胁。采用随车 GIS，消防救援队伍能在前往火场的途中充分了解发生火灾的目标信息、火场地形、通道和水源位置，指挥中心可以实时部署灭火救援力量，使指挥员明确车辆的停靠位置，进攻路线和任务，到场后能迅速投入救援。

同时，有些消防救援站在应援其他消防救援站时会出现出动慢、车速慢的情况。究其原因是该调度过程在严格控制主管消防救援站到场时间的同时，限于技术条件，没有对应援消防救援站限制时间，导致少数指挥员为了避免交通事故，提高安全系数而降低车速。对于这种现象，一方面要加强教育，另一方面要建立完善的监督机制。车载 GPS 通过无线网络将车辆的行驶参数传送到指挥中心，可以实时显示每一辆消防车的具体位置和时速，确保消防救援队伍能在保证安全的前提下尽快赶到火场参与灭火救援行动。

2.9 虚拟现实与增强现实技术

2.9.1 虚拟现实与增强现实技术的概念

虚拟现实（Virtual Reality，VR）与增强现实（Augmented Reality，AR）是全新的信息交互技术手段，是多学科交叉产生的数据与现实世界融合的先进手段。

虚拟现实技术是一种可以创建和体验虚拟世界的计算机仿真系统，它利用计算机生成一种模拟环境，使用户沉浸到该环境中。虚拟现实技术将计算机技术、传感与测量技术、仿真技术、微电子技术融为一体，其本质是利用现实生活中的数据，通过计算机技术产生的电子信号，将其与各种输出设备结合，使其转化为能够让人们感受到的现象，这些现象可以是现实中真真切切的物体，也可以是我们肉眼所看不到的物质，通过三维模型表现出来。因为这些现象不是我们直接看到的现实世界，而是通过计算机技术模拟出来的，故称为虚拟现实。

增强现实技术也被称为扩增现实，是促使真实世界信息和虚拟世界信息的内容综合在一起的较新的技术内容，其将原本在现实世界的空间范围中比较难以进行体验的实体信息在电脑等科学技术的基础上，实施模拟仿真处理，将虚拟信息内容在真实世界中加以有效应用，并且在这一过程中能够被人类感官所感知，从而实现超越现实的感官体验。真实环境和虚拟物体叠加之后，能够在同一个画面以及空间中同时存在。

增强现实技术不仅能够有效展现出真实世界的信息，也能够将虚拟的信息显示出来，这些信息相互补充和叠加。在视觉化的增强现实中，用户需要借助头盔显示器，将真实世界和电脑图形重合在一起，在重合之后可以看到真实的世界围绕着它。增强现实技术中主要有多媒体和三维建模以及场景融合等新的技术和手段，增强现实所提供的信息内容和人类能够感知的信息内容之间存在着明显不同。

2.9.2 虚拟现实与增强现实技术在智慧消防中的应用

1. 消防单兵消防装备 VR/AR 模拟训练

在消防单兵消防装备模拟训练系统中，VR/AR 技术将用于设备和设备建模和虚拟训练场景设置，根据相关消防业务设定任务，通过正确使用方法来完成虚拟消防火灾救援训练，指导教员同时也可以完成消防员操作技术指导，有效地提高教学质量和学习效率。同时，受训单兵还可以熟悉三维仿真设备的内部结构，然后在学习过程中掌握其内部结构和工作原理，教员可以设置一些故障排除部分，使参与者更直观地学习设备维护和工作原理，更有利于受训队员熟悉消防设备。

2. 消防业务技能 VR/AR 模拟训练

消防业务技能训练是不断提高队伍战斗力的重要举措，也是消防救援队伍基础工作的重要组成部分。基层消防救援队伍日常开展的业务技能训练主要是单一环境下的单兵及班组训练。对于复杂环境下的业务技能训练，往往受制于场地、器材、环境、气象、经费等条件，开展较少，极端环境下的救援人员心理承受训练也仅有少部分具备条件的单位可以开展，救援人员参训率、复训率较低，训练效果不明显。运用 VR/AR 技术可创建整个复杂环境下的灭火救援现场，也可以通过与实际建筑物或环境结合的方式构建出效果逼真的灭火救援现场。参训官兵通过电脑主机选择需要训练的科目后，配合定位系统、音效系统、体感系统（温度、风力、雨水、烟雾），能够真实模拟灭火救援现场人员视觉、听觉、触觉、嗅觉效果，使参训人员仿佛身临其境，有利于突破初涉复杂救援环境导致的心理障碍，提高受训人员的业务技能水平和心理素质。

3. 灭火救援 VR/AR 模拟训练

面对新形势下消防队伍"全灾种，大应急"的救援挑战，灾害灭火救援模拟训练系统应用 VR/AR 技术生成不同种类灾害（火灾、地震、燃油事故、煤矿事故、森林火灾等）的虚拟救援环境，加载事故灭火救援预案，根据灾情蔓延趋势、力量部署、毗邻环境、气候、面积、地形等条件，模拟不同条件下的灾情进展，培训指战员的灭火救援指挥决策。灾害灭火救援模拟训练系统还可以将经典案例进行数字化复盘，以交互式游戏的形式展示事故救援过程，便于事故处置经验的推广。

2.10 区块链技术

2.10.1 区块链技术的概念

区块链技术是分布式数据存储、点对点传输、共识机制、加密算法等计算机技术在互联网时代的创新应用模式。

1. 区块链技术的原理

（1）区块链技术是一种按照时间顺序将数据区块以顺序相连的方式组合成一种链式数据结构的技术。

（2）区块链技术收录所有历史交易的总账，每个区块中包含若干笔交易记录，区块链是包含交易信息的区块从后向前有序链接的数据结构。链中的块相当于一本书中的一页，书中的每页都包含文字、故事，每页都有自己的信息，如书名、章节标题、页码等。

（3）在区块链中，每个块都包含关于该块的数据的标题，例如技术信息、对前一个块的引用，以及包含在该块中的数字指纹（又名散列）等，散列对于排序和块验证是非常重要的。

2. 区块链技术的特点

（1）去中心化：用户之间用点对点的方式交易，地址由参与者本人管理，余额由全局共享的分布式账本管理，安全依赖于所有参加者，由大家共同判断某个成员是否值得信任。

（2）透明性：数据库中的记录是永久的、按时间顺序排序的，对于网络上的所有其他节点都是可以访问的，每个用户都可以看到交易的情况。

（3）记录的不可逆性：由于记录彼此关联，一旦在数据库中输入事务并更新了账户，则记录不能更改。

2.10.2 区块链技术在智慧消防中的应用

区块链技术在智慧消防中的应用，主要可以解决以下问题，以提高消防安全信息化的管理水平。

1. 去中心化实现信息共享

现阶段，消防安全信息系统的建设各自为政，信息共享不足。区块链技术在不同节点存储并计算不同类型的数据，再将各个节点的数据资源集成到区块链系统中，通过数据加密算法解决数据共享后的权限问题。具体的应用包括视频监控系统、消防装备系统、消防报警系统、调度指挥系统等系统的整合，而引入区块链技术可以使视频监控部门、装备管理部门和装备使用部门以及现场指挥部门的各项数据整合成一个完整的网络系统，使信息充分共享，从而有效提升消防安全管理的水平。

2. 解决消防安全信息的信任风险

区块链技术具有开放、透明的特性，系统的参与者能知晓系统的运行规则。由于区块链技术的特点，每个节点上传的数据都是真实完整的，并且具有可追溯性，可有效降低系统的信任风险。将区块链技术应用到消防安全管理领域，能确保原始信息的准确性，并能记录信息修改的全过程，可以有效防止信息被人为修改。一些对于消防安全要求较高的场所，如大型酒店、娱乐场所等均可作为区块链技术的单独节点，节点信息可以真实有效地反映当前消防安全的状态，并可及时调整，从而提升消防安全信息的完整度和可信度。

3. 区块链技术在消防问责中的应用

为控制灾害事故的发生，提升责任政府的构建能力，问责制度在公共安全领域被不断深化，消防安全领域的问责尤其显得重要。区块链技术可以获取数据流，它与智慧消防的融合可以更好地连接所有的消防服务，提高消防的安全性和透明度，为认定消防事故的责任主体提供技术与数据支撑。

第3章　智慧消防应用技术

随着科技的进步，物联网、云计算、移动互联网以及人工智能为代表的新一代信息技术已经对社会产生深刻的影响，为智慧消防的建设提供了坚实的技术基础。本章结合具体消防应用场景，介绍智慧消防建设技术内容。

3.1　物联感知

智慧消防的基础是建立广泛的信息感知网络，需要及时全面地掌握不同场景、不同形态、不同环境下的设施、设备、环境、人员、管理、装备、物资等信息，以满足对火灾风险隐患、消防设施运行状态、日常安全管理行为、火灾态势、现场实时监测信息的全面透彻感知，并将感知信息与后台系统有效连接，形成统一闭环的智慧消防全域感知网络体系。

智慧消防的全域感知充分利用电磁感知、图像识别、RFID（射频识别）、指纹识别、红外探测、液体探测、流量感知、烟雾感知、气体感知、湿温度传感、数据传感等物联网、移动宽带技术，搭建全域感知体系，采用消防设施感知，社会消防安全管理行为感知，水、电、气感知，灾害现场态势感知，作战人员状态感知，装备器材与物资感知和其他感知，实现消防的智慧与智能技术的相互结合、相互促进。

3.1.1　消防设施感知

消防设施按照其是否有消防电源分为有源消防设施和无源消防设施。有源消防设施包括火灾自动报警系统、安全疏散设施等。无源消防设施感知包括建筑防火分隔设施、其他灭火器材等。

1. 火灾自动报警系统

火灾感知通过火灾自动报警系统来实现。火灾自动报警系统由火灾探测触发装置、火灾报警装置、火灾警报装置以及具有其他辅助功能的装置组成，系统组成如图 3.1.1 所示。

此系统主要收集火灾发生时的物理特征信号，它可以采集火灾发生初期的浓烟、热量、热辐射、声音等信息。采集器的类型是根据燃烧所发出物质的物理特性进行分类的。火灾时由于物质着火，使表面物质转换成可燃的气体与烟雾颗粒等物质，使用感烟探测器、感温探测器、气体探测器等可以探测出这些物质并收集相关信息。通过对多种类火灾探测器的交叉使用，可以更灵敏地感测到火灾信号，信号到集中式火灾处理器可以智能化地对火情分析及预警。

在解决系统误报方面，可以通过选用新型分布智能火灾报警系统，使用智能视频火焰与烟雾探测、视频监控与传统火灾探测器联用等方案，以减少火灾自动报警系统的误报率。视频监控通过在辖区内重点区域部署摄像头与传统火灾探测器联合使用，可实时查看监控区域的视频画面，保障辖区安全。当某一单位的物联传感设备报警后，可调用相关摄像头的视频图像信息，以便快速确认火情信息。火灾视频联动如图 3.1.2 所示。

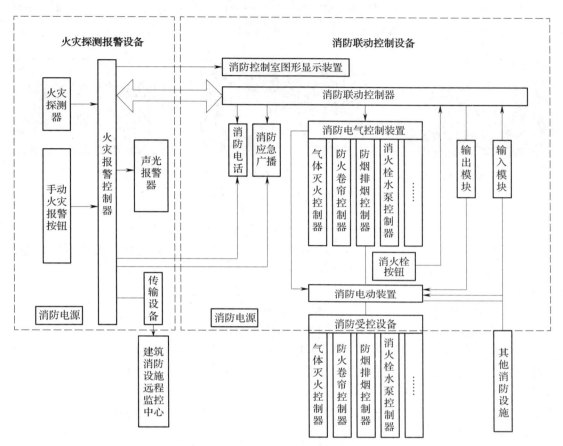

图 3.1.1　火灾自动报警系统的组成示意图

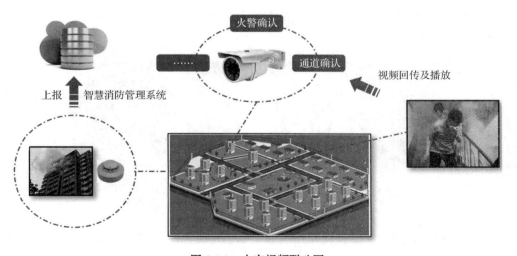

图 3.1.2　火灾视频联动图

2. 安全疏散设施感知

安全疏散设施包括安全出口、疏散门、疏散楼梯、疏散（避难）通道、消防电梯、屋顶直升机停机坪、消防应急照明和疏散指示标志。安全疏散设施感知主要包括消防通道堵塞、消防车道占用及疏散指示感知，如图 3.1.3 所示。

（a）消防通道堵塞感知　　　　　（b）消防车道占用感知　　　　　（c）疏散指示感知

图 3.1.3　安全疏散设施感知

（1）消防通道堵塞、消防车道占用感知。消防通道堵塞、消防车道占用感知主要通过视频分析技术实现，传统人工巡检方式费时费力且难以及时发现通道堵塞隐患，利用视频分析技术可实时监测重要疏散通道是否有足以导致通道堵塞的情况（如放置大件物品持续时间过长，消防车道有违停车辆等），系统发现问题时自动告警，减少火灾时人员无法有效疏散或消防车辆无法抵达事发位置的危险状况。

（2）疏散指示感知。疏散指示感知采用感烟、感温、火焰等多种探测器采集火灾现场的火灾数据，如起火点、起火时间等，同时对采集来的数据进行分析，将以往传统的疏散理念，提升为主动引导、就近疏散的智能化疏散指示理念，使疏散逃生指示与火灾状况和疏散设施动作状况协同联动。确保在火灾发生现场指引人们在黑暗、烟雾浓、温度高、能见度低的环境下使用疏散指示标志来识别安全疏散方向，保证人员顺利逃生。

3. 建筑防火分隔设施感知

建筑防火分隔设施是指能在一定时间内把火势控制在一定空间内，有效阻止其蔓延扩大的一系列的分隔设施。常用的防火分隔设施有防火墙、防火隔墙、防火门窗、防火卷帘、防火阀、阻火阀和防火玻璃墙等，其中防火门和防火卷帘在使用的过程中需要感知状态，如图 3.1.4 所示。

（a）防火门在位感知　　　　　　　　（b）防火卷帘下降感知

图 3.1.4　建筑防火分隔设施感知

（1）防火门在位感知。防火门在位感知主要通过防火门监控系统实现，该系统主要由防火门监控器、防火门监控分机、防火门监控模块及监视联动装置组成。防火门监控器可以显示防火门的开启、关闭和故障状态。在防火领域，可以监测防火门是否符合其常开、常闭的要求。

（2）防火卷帘下降感知。防火卷帘下降感知主要使用传感器进行感知，感知其是否下降至固定位置，下降时间是否满足要求。火灾发生时，火灾报警控制器的感烟联动防火卷帘下降。如果是一步降，则下降到底时主机收到反馈信号；如果是两步降，则在中位和下降到底时主机均会收到反馈信号。通过感知防火卷帘下降状态，可在灭火过程中做出最有效的处置预案，保证救援的有效进行。

4. 其他灭火器材感知

其他灭火器材感知（图 3.1.5）主要感知消火栓、灭火器、消防水枪、消防水带等是否在位，是否按照规定放置。

其他灭火器材感知通过 RFID 实现，在消防水带、灭火器等消防灭火器材上安装代表着不同地点、不同设备以及存储不同信息数据的 RFID 电子标签。维保人员通过便携智能终端读取卡中的数据，采集或者修改该设施点的各类参数、工作状态，经移动互联网或通信数据线，将相应的数据传回计算机信息数据中心。如果发现消防水带、灭火器等灭火器材没有在指定位置上，通过 24 小时实时预警，可以及时发现火灾隐患，确保灭火器材在位、完好、有效。

（a）消火栓感知　　　（b）灭火器感知　　　（c）消防水枪感知　　　（d）消防水带感知

图 3.1.5　其他灭火器材感知

3.1.2　电气火灾感知

电气火灾监控系统适用于具有电气火灾危险场所，在产生一定电气火灾隐患的条件下发出报警信号，提醒专业人员排除电气火灾隐患，实现电气火灾的早期预防，避免电气火灾的发生。

电气火灾监控系统由电气火灾监控器、电气火灾监控探测器和火灾声光警报器组成，电气火灾监控系统的工作原理如图 3.1.6 所示。

电气火灾监控系统感知主要通过电气火灾监控探测器实现，电气火灾监控探测器能够对保护线路中的温度过高、短路、漏电等电气故障参数进行探测，自动产生报警信号并向电气火灾监控器传输报警信号。

近几年，出现了许多基于云计算的电气火灾监控系统，利用在线实时监测技术，在云端全面分析电气线路整体情况，自动计算阈值，在设备监测值超过阈值时将告警信息迅速传递到云端数据库，云端服务平台通过消息推送将告警信息及设备点位信息推送到系统展

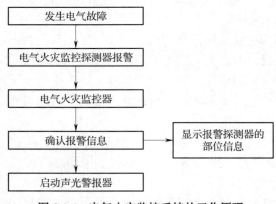

图 3.1.6 电气火灾监控系统的工作原理

示，并可通过短信、手机 App 等方式发送消息给相关责任人，方便其尽快处置，做到用电线路的电气火灾预警、防患于"未燃"。同时具备权限的管理人员可以通过平台或者手机 App 远程设定探测器的各种参数值，或者对监控设备进行分闸、合闸、复位等操作，方便管理，提升效率。此外，云平台可以不断地收集、存储电气线路监测数据，通过大数据技术可以进一步分析电气故障成因和电气火灾监控探测器产品质量。基于云计算的电气火灾监控系统工作原理如图 3.1.7 所示。

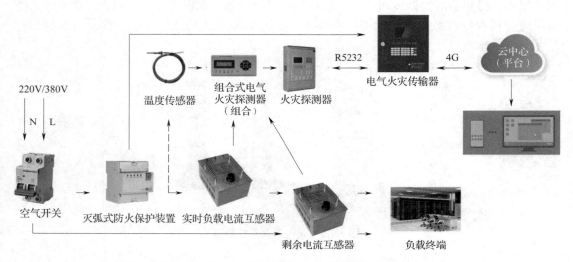

图 3.1.7 基于云计算的电气火灾监控系统工作原理

3.1.3 可燃气体感知

可燃气体探测报警系统适用于使用、生产或聚集可燃气体或可燃液体蒸汽场所（如化工厂、石油、燃气站）的可燃气体浓度探测，在泄露或聚集可燃气体浓度达到爆炸下限前发出报警信号，实现火灾的早期预防，避免火灾、爆炸事故的发生。

基于云技术的可燃气体探测报警系统，气体探测器将传感器检测到燃气气体浓度转换成电信号传输到云端数据库，系统 24 小时监测可燃气体终端探测设备的运行状态和设备故障、预警报警信息，并可在 GIS 地图闪烁故障和报警信息。云端服务平台通过消息推送将告警信息及设备点位信息推送到系统展示，并可通过短信、手机 App 或者手机火警语音播报等方式发送消息给相关责任人，方便其尽快处置。基于云技术的可燃气体探测报警系统工作原理如图 3.1.8 所示。

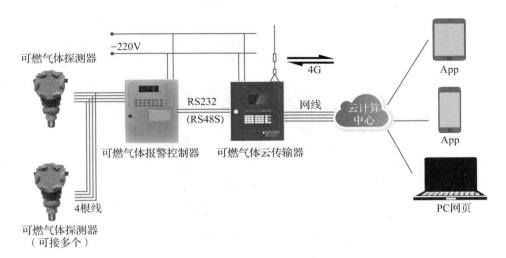

图 3.1.8　基于云技术的可燃气体探测报警系统工作原理

3.1.4　消防水源感知

消防水系统包括消防给水系统和消防灭火水系统。消防给水设施存储并提供足够的消防水量和水压，确保消防给水系统的供水安全可靠，消防给水设施通常包括消防供水管道、消防水池、消防水箱等。消防灭火水系统主要包括自动喷水灭火系统、水喷雾灭火系统等。

消防水系统监测预警系统主要通过布设水系统监测设备，实现对消防水系统的水压、水位、水泵运行异常的感知，将报警信息传送到监控中心。确保在火灾发生时，消防水系统真正发挥作用。在消防水池、消防水箱、喷淋末端、室内消火栓添加物联网监测设备，实时监测建筑消防水系统状态信息，快速发现异常及故障，为联网建筑消防水系统的检查、维护和保养等工作提供信息化支撑。

消防水源感知包括消防水压感知、消防水位感知、水流量感知和消火栓位置感知，如图 3.1.9 所示。

（a）消防水压感知　　（b）消防水位感知　　（c）水流量感知　　（d）消火栓位置感知

图 3.1.9　消防水源感知

1. 消防水压感知

消防水压感知通过部署前端感知设备，可实时探测室内及市政消火栓系统的水压值，定时上报设备的运行状态与水压探测值。当探测的水压值低于设定的标准报警阈值时，系统即出现报警，将通过短信、手机 App 或者手机火警语音播报等方式将相关的报警信息推送给各级责任人。消防水压监测系统工作原理如图 3.1.10 所示。

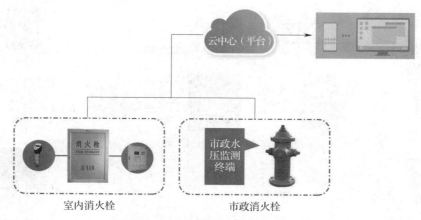

图 3.1.10　消防水压监测系统工作原理

2. 消防水位感知

消防水位感知通过部署前端传感设备，实时采集消防水池、消防水箱的液位信息上传至系统，以实现 24 小时监测。用户可以根据实际需求对水位采集上报的时间间隔进行设置，当水池的水位超过设定的上下限阈值时会报警，可结合地图或系统逻辑图进行报警展示。消防水位监测系统工作原理如图 3.1.11 所示。

图 3.1.11　消防水位监测系统工作原理

3. 水流量感知

水流量感知通过在消防水泵和稳压泵出水管止回阀后直管段、消防水箱出水管、消防水箱和消防水池进水管部署前端传感设备，实时采集水的流量信息，上传至系统，以实现 24 小时监测。用户可以根据实际需求对水流量采集上报的时间间隔进行设置，当水的流量超过设定的上下限阈值时会出现报警，可结合地图或系统逻辑图进行报警展示。

4. 消火栓位置感知

消火栓位置感知可通过卫星定位技术、GIS 技术对消火栓进行地理位置标定，实现市政消防给水及消火栓位置的显示及记录，方便消防救援队伍在灭火行动中迅速找到消防水源。消火栓的位置感知对初期火灾的扑救意义重大。

3.1.5 建筑内部人员分布感知

建筑内部人员分布感知主要是通过视频感知来实现，利用智能视觉和图像处理的方法建立一个智能管理系统，通过对摄像机拍录的视频序列进行分析，实现人员的定位、识别和跟踪，如图 3.1.12 所示。

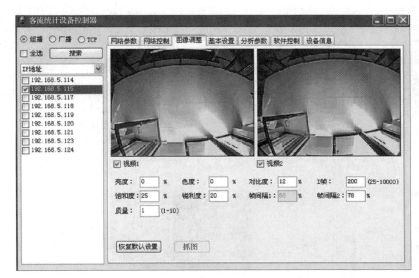

图 3.1.12　建筑内部人员分布感知

消防领域利用视频感知实现人员分布感知，主要是对视频图像中的信息进行有效提取，利用先进的计算机处理技术分析、挖掘视频图像中有用的信息，决定图像的每个像素点、每个有效区域所具有的数据特性，通过视频图像特征提取，获取人员分布信息，通过在建筑、楼层等出入口处和汇集区域安装客流计数装置，实现进出人员计数、视频查看和人数统计。

3.1.6 消防安全管理行为感知

消防安全管理离不开对安全人员工作的智能化监管、消防工作环境的智能管理以及日常工作的信息化管理。消防安全管理的工作重点是消防设施巡查、火灾隐患排查、消防生命通道监测、从业人员考勤和危险场所行为监测，如图 3.1.13 所示。

1. 消防设施巡检

采用物联网手段对消防设施进行巡检，为消防安全重点部位及消防设施建立身份标识，用 RFID 技术或 NFC 技术进行离线防火巡检工作，自动提示各种消防设施及重点部位的检查标准和方法，实现防火巡检和日常消防安全管理等工作的户籍化、标准化、痕迹化管理，有效促进值班人员直观检查，并且对巡检内容记录，对今后的数据统计提供强有力的数据基础。采用物联网手段进行消防设施巡检如图 3.1.14 所示。

消防设施巡检　　　　　　　　　　　　火灾隐患排查

消防生命通道监测　　　　　　从业人员考勤　　　　　　危险场所行为

图 3.1.13　消防安全感管理行为感知

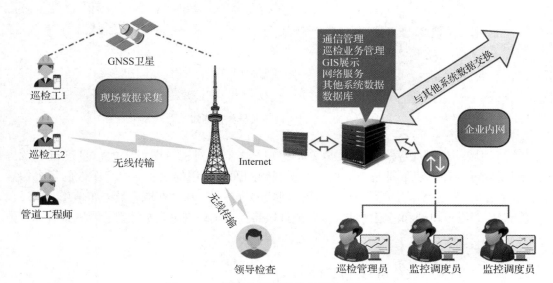

图 3.1.14　基于物联网技术的消防设施巡检

2. 火灾隐患管理行为

火灾隐患管理行为包括社会单位火灾隐患自查、社会公众火灾隐患举报和消防中介服务跟踪。

（1）社会单位火灾隐患自查。利用信息技术建立常态化的火灾隐患巡查机制，对社会单位火灾隐患自查过程进行管理。社会单位消防工作人员通过手机 App 以扫描二维码、拍照等形式对单位消防设施、消防重点部位进行火灾隐患自查，并将隐患上报到系统。企业负责人和企业消防安全责任人负责对该火灾隐患进行整改，并同步将整改结果上传到云端平台，完成社会单位火灾隐患自查的感知，社会单位火灾隐患自查感知如图 3.1.15 所示。

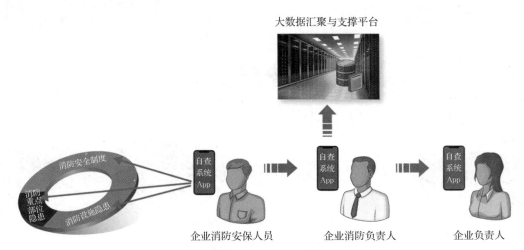

图 3.1.15 社会单位火灾隐患自查

（2）社会公众火灾隐患举报。社会公众将发现的火灾隐患通过文本信息、照片、视频等多种形式上传到云端平台，对火灾隐患举报信息统一管理，隐患处理完毕自动将反馈整改结果给举报用户，社会公众火灾隐患举报感知如图 3.1.16 所示。

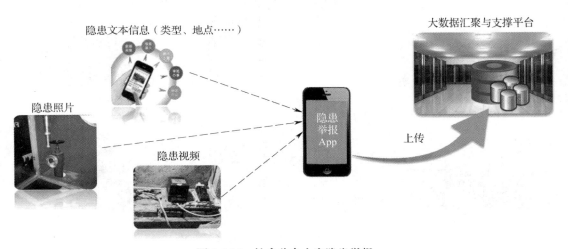

图 3.1.16 社会公众火灾隐患举报

（3）消防中介服务跟踪。消防中介通过记录电子表单、上传现场照片、扫描二维码等手段，对消防维保、检测等技术服务全程进行追踪记录，提高服务质量，消除火灾隐患。维保的对象包括火灾自动报警系统、消火栓系统、水喷淋灭火系统、消防广播系统、防排烟系统、防火分隔设施、室外消火栓和其他设施等，如图 3.1.17 所示。

3. 从业人员考勤

通过视频监控实现从业人员考勤感知，系统实时读取辖区内视频监控主机或 IPC 上的数据和信息，可以对需要监测社会单位的重点部位进行视频智能分析，实现值班人员在岗视频分析和离岗监测。

图 3.1.17　消防中介服务跟踪

利用视频分析技术对火灾高危单位、消防安全重点单位消控室的值班情况进行视频点名、监督抽查等，监督其在岗状态，获取当前消控室内在岗人数并辅以后台配置的人员离岗定义规则综合计算出当前在岗人数是否符合法规要求，并在人数少于要求时发送告警信息给监管单位，对其脱岗行为自动视频取证，实现"可视化"监管，如图 3.1.18 所示。

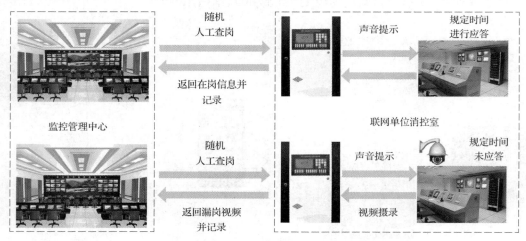

图 3.1.18　从业人员考勤"可视化"监管

4. 危险场所行为

危险场所行为指加油站及危化品场景下的明火抽烟，打手机等危险行为。利用视频分析技术可实时监测加油站等场所人员、车辆的危险行为，系统发现时自动报警，由工作人员及时制止，避免发生危险。

3.1.7　灾害现场环境感知

灾害现场环境感知主要分为气象环境感知、危险气体感知和危险情况感知，由现场环境监测终端、气体侦检仪、数据读写器、现场无线局域网和现场环境监测等组成，如图 3.1.19 所示。

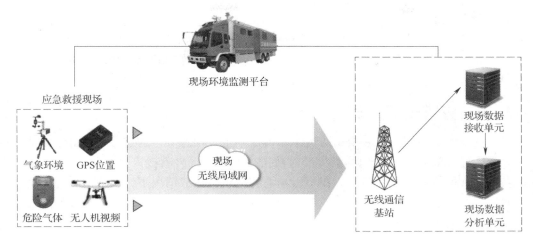

图 3.1.19　灾害现场环境感知示意图

1. 气象环境感知

消防救援工作与气象环境密切相关，气象环境能直接引起火灾并影响火势的发展，因而对气象的感知监测十分重要。气象信息感知主要通过车载微型气象站采集大气温度、大气湿度、大气气压、风向、风速等数据。图 3.1.20 为车载气象仪设备。

2. 危险气体感知

在灭火救援过程中，现场危险气体对消防员生命安全构成严重威胁，通过气体侦检仪可对现场危险气体进行实时感知与监测。指挥员可以根据现场危险气体情况进行合理的部署，消防员可以根据危险气体感知信息作出科学准确判断，安全地实施扑救，将救援风险降到最低，如图 3.1.21 所示。

图 3.1.20　车载气象仪设备图

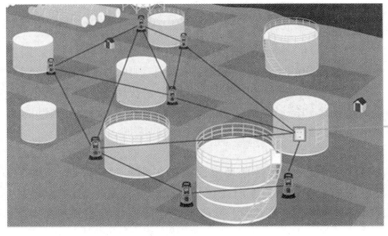

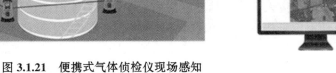

图 3.1.21　便携式气体侦检仪现场感知

3. 危险情况感知

在灭火救援过程中，高温、浓烟、有毒有害物质、爆燃与轰燃、建筑物坍塌、障碍物等均可能对消防战斗员生命安全构成严重威胁，对于危险环境和危险物的精准感知在现场处置中至关重要，这也是精准救援的前提条件。

3.1.8 灾害现场人员感知

灾害现场人员感知主要采集消防员生命体征和定位信息等，通过便携性好、集成度高的单兵智能监测装备，实现现场指挥部对救援行动中的灭火救援人员心跳、呼吸、姿态、运动以及位置等信息的全面掌握，在不影响消防员正常作战情况下，完成对生命体征的全面监测，为作战指挥提供数据支撑，为遇险人员快速搜救提供技术手段，保障作战人员的生命安全，如图 3.1.22 所示。

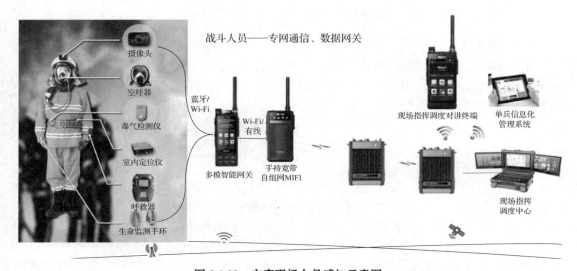

图 3.1.22 灾害现场人员感知示意图

1. 生命体征感知

生命体征感知共分为四个模块：心跳监测模块、呼吸监测模块、姿态监测模块、运动监测模块。心跳监测模块可以通过手环等智能监测设备实时获取作战人员的心率数据及生命体征信息。呼吸监测模块可以监测作战人员呼吸频率。姿态监测模块可以准确识别平躺、站立、倾斜等姿态信息。运动检测模块可以识别静止、慢走、快跑等运动状态信息。各模块通过体域通信网汇集生命体征感知信息到智能终端，有效降低了单兵装备内部的通信干扰问题，而且由于数据集中传输，通信资源的使用效率也大幅增加。

2. 实时定位信息感知

由于火灾现场建筑内结构复杂、灭火救援现场环境恶劣，采用实时定位信息感知系统可以快速定位人员位置信息，提高救援效率。实时定位信息感知分为室外定位和室内定位。室外定位采用 GPS 定位系统，室内定位采用基于低成本惯性传感器的定位系统实现，所以实时定位信息感知系统定位精度高，环境适应性强。常用的微惯性导航系统人员定位模块如图 3.1.23 所示。

图 3.1.23　微惯性导航系统人员定位模块

3.1.9　灾害现场装备器材与物资感知

　　装备器材与物资感知是灭火救援态势感知的重要部分，是消防资源实时联动的基础。装备器材和物资感知范围包括消防装备、车辆和物资，采用具备自动化、精准化、便捷化特点的信息采集装置，辅助指挥员及时、全面了解灭火救援现场情况，为基于大数据的智能指挥提供基础感知数据。装备器材与物资感知系统示意图如图 3.1.24 所示。

图 3.1.24　装备器材与物资感知系统示意图

　　装备器材与物资感知综合利用 RFID、无线低功耗广域物联技术、无线传感等，对消防装备器材、消防车辆等状态进行智能化感知、识别、定位与跟踪，实现实时、动态、互动、融合的消防信息采集。装备器材与物资感知网络架构图如图 3.1.25 所示。

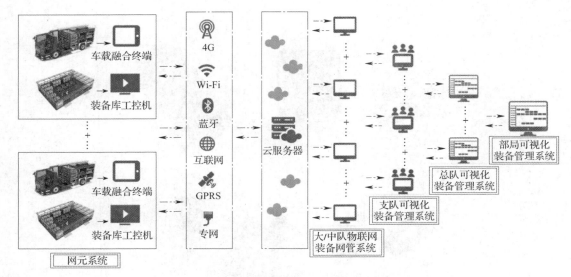

图 3.1.25　装备器材与物资感知网络架构图

1. 消防装备感知

消防装备感知是指通过重要装备精确定位、赋予装备数据生命力，实现消防装备的系统、全面、规范化管理，一方面辅助装备管理人员进行消防装备的日常维护管理，另一方面便于在灭火救援现场中迅速查找、统计、定位、调用装备开展灭火救援保障工作，使装备器材更好地向战斗力转化，为灭火救援实战服务。

消防装备感知采用安装在消防装备上的 RFID 电子标签实现智能感知，该电子标签上记录了装备的各种性能和特性，如存放位置、生产日期、厂家、名称、用途、操作方法、售后服务等信息，RFID 阅读器通过无线感知的方式收集感应各类数据，再利用通信网络将感应数据存储到服务器中，实现对装备仓库各类消防装备的自动识别、统计、定位和调度等信息化管理与追踪。

2. 消防车辆感知

消防车辆感知主要包括消防车辆位置信息感知、消防车辆底盘信息感知、消防车辆上装信息感知和消防车辆装载信息感知。消防车辆感知主要应用在灭火救援现场和装备日常管理，实现车辆数据信息的综合展现，日常保养的自动提醒，为相关业务部门提供基础支撑，实现对消防车辆及车载装备器材全方位的网络化、动态化和规范化管理，实现对灭火救援行动的可视化指挥。其具有以下主要功能：

（1）消防车辆位置信息感知通过 BD/GPS 双模模块实现车辆位置信息的采集。

（2）消防车辆底盘信息感知通过车辆控制系统实现车辆底盘信息采集，物理接口采用 CAN 数据接口，协议为 SAEJ1939 或 FMS 协议。采集的底盘信息主要有：发动机转速、速度、燃油使用量、行驶里程、冷却液温度警报、变速箱故障警报、变数箱油温警报、冷却液液位警报、制动系统故障警报、ABS 警报等。

（3）消防车辆上装信息采集有两种方式，第一种方式是基于 CAN 总线通过上装系统控制装置解析相关协议采集，第二种方式是加装传感器采集。采集的上装信息主要有水泵工作时间、水泵工作压力、水使用量、泡沫使用量、传感器故障信息。

（4）消防车辆装载信息感知通过安装部署多种相关设备实现，如在消防车辆上安装消防车车载物联网系统，对车载重点装备对应加装独有的电子标识卡，通过车载物联网系统将车辆信息、车载装备信息等通过无线网络回传至后台数据库，从而实现远程动态物联网装备管理。消防车信息采集设备安装部署如图 3.1.26 所示。

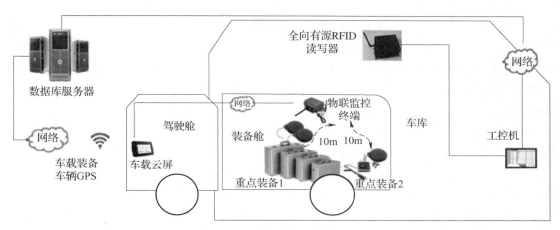

图 3.1.26　消防车信息采集设备安装部署示意图

3. 消防物资感知

消防物资感知是针对社会上可以联动的消防力量，如远程供水、卫星电话、泡沫厂、特种装备感知等，主要对远程供水系统、卫星电话、泡沫厂、特种装备的位置及联系人和联系电话进行登记及维护，构建社会联动力量。该感知技术为灭火救援提供信息支撑，为领导决策提供数据保障，提高消防救援实战能力。

3.2　通信网络

3.2.1　应急通信

为满足消防救援队伍日常值守、勤务以及灾害事故应急现场统一指挥与协调调度，按照应急管理部和消防救援局统一部署要求，将采用"公专互补、宽窄融合、固移结合"的多维组网形态，充分利用各省市已经建立的数字集群系统、4G/5G、Mesh 自组网等多种技术手段，建设固定部署的专用无线通信系统、基于公共通信设施的无线通信系统、时空统一服务系统、现场应急通信系统，构建各省 – 市两级无线通信专网，助力各级部门开展指挥调度、日常办公、监督执法等业务工作，同时为消防救援部门的常态监管、常态救援和非常态应急处置等不同场景下语音、视频、数据无线高速传输和通信提供全地域、全过程、全天候有效支撑。

按照国家《应急管理部信息化发展战略规划框架（2018—2022 年）》《应急管理部关于加快编制地方应急管理信息化发展规划的通知》（应急函〔2018〕272 号）、《关于加快 370MHz 频段应急专用无线电频率申请使用等工作的通知》以及应急管理部的《应急管理信息化发展战略规划框架（2018—2022 年）概要版》的相关要求，全国各省应急管理厅将建设一张覆盖全省的固定集群同频同播无线通信 PDT 专网，以及灾害现场的现场应急无线通信网，各省市消防救援部门将与应急管理厅下属部门一起使用全省的固定集群同频同播无线通信 PDT 专网，现场应急无线通信网则由各下属部门各自根据自己的业务需求使用；并充分利用各省现有的公安 PDT 350MHz 警用无线通信网、1.4G 专网、3G/4G 公网等资源进行融合，形成统一的融合通信平台。通过平台将不同制式、不同网络的通信系统构建成一张网络，实现不同制式的终端之间互联互通和统一调度，并提供多样化的组网方案。

固定集群同频同播无线通信网建设是采用国有知识产权的 PDT 数字集群标准，依托于应急管理部申请的 370MHz 频段，各省应急管理厅将以地市级为单位，根据五色原理建设覆盖全省的固定集群同频同播网。详细参照应急管理部后续关于应急管理部门建设370MHz 应急指挥窄带无线通信网的相关规范文件。依照转隶文件内容，现阶段消防救援队伍将保留原来 350MHz 集群系统继续使用。

现场应急无线通信网建设是采用宽窄带融合通信技术，将灾害现场及外围的语音、视频、图像信息汇聚到前线指挥所，并通过卫星、IP、3G/4G 公网等链路回传至省市应急指挥大厅。窄带部分是利用 370MHz 频段中的 15 对移动集群站频点和 10 对常规预留频点，采用 PDT 数字常规标准以及窄带自组网技术，解决灾害现场的窄带语音保底无线通信需求；宽带部分是利用 Mesh 自组网技术，解决灾害现场的宽带视频、图像等信息传递到指挥场地的无线通信需求。融合通信平台架构如图 3.2.1 所示。

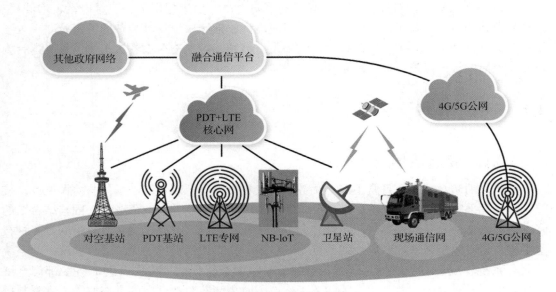

图 3.2.1　融合通信平台架构

融合通信平台建设是指通过平台将新建设的固定集群同频同播无线通信网、现场应急通信网和各地现有的通信系统，通过 IP 网络和专用网关接入应急融合通信平台，应急融合通信平台通过上接到应急指挥平台实现对现有通信系统的调度，并实现多系统的联动调度。可融合的系统包括原有语音系统、原有视频监控系统、原有应急预案系统、原有应急告警系统、原有呼叫中心系统、专业应急业务系统等。

1. PDT 集群同频同播网通信系统

警用数字集群系统 PDT（Police Digital Trunking）标准是具有中国自主知识产权的集群通信标准，着眼未来数字对讲技术发展方向，可满足多数集群通信行业用户的需求。

PDT 采用 12.5kHz 带宽、TDMA 双时隙、4FSK 调制、数字语音压缩技术，具有语音清晰、高频谱效率、通信距离远、抗干扰能力强、省电、模数兼容以及丰富的语音业务功能等特点；该标准充分考虑了中国国情，对国际上成熟的标准技术（如 Tetra、P25、DMR、MPT1327 等）进行了借鉴及创新设计，融合了中国特色的专业通信经验，是一套全新的、先进的具有中国自主知识产权的数字通信标准；遵循高性价比、安全保密、大区制、可扩展和向后兼容的五大原则，有效地解决了多种专业通信网融合通信的问题，能满足公共安全、城市应急、消防内卫武警等专业用户群体的无线通信指挥调度需求。

PDT 集群同频同播技术是多个发射机利用同一对载频发射信号，目的是更进一步扩大无线通信系统的覆盖范围，更重要的是节约了宝贵的频率资源。在 PDT 集群系统中引入同频同播技术，大大提高了频率使用效率，降低频点使用数量，对于话务量不大同时缺少频率资源的项目非常适用。但是为了获得良好的通话效果，还需要解决重叠覆盖区域内下行信号的同频干扰问题，解决重叠覆盖区域内上行信号的快速判选问题。

在 PDT 系统中，同频数字信号相位误差小于 1/4 码元时间即可获得良好的通话效果，因此采用相位延时自动调整技术解决相位同步问题，采用卫星或主从时钟授时技术解决信道机发射同频问题，利用动态判选技术快速优选上行信号并转发。

根据上述原理和技术，集群同频同播基站在 PDT 集群技术的基础上，利用同频同播技术使得每个基站使用相同的频率组，通话效果良好，在集群同频同播基站中，对讲机讲话获得话权的时间与单站模式基本相同。因此，用户不会感觉到是在同频的基站中工作还是在标准基站中工作。

PDT 集群同频同播结合了 PDT 集群标准具有跨系统联网能力、高话务量、大用户容量、多功能业务、强调度能力等先进技术，以及同频同播使用较少频率，形成两种技术的优劣互补，满足应急管理部在频点缺乏情况下的建网需求。

PDT 集群同频同播技术特点有：①高效利用资源，降低使用成本，提高综合效率；②自主安全加密技术符合国家需要；③组网所需频点少，提高频率使用率；④持续创新提高 PDT 标准竞争能力；⑤自主知识产权与开放吸收并重。

PDT 集群同频同播技术优势有：①数字话音更清晰；②调度功能丰富；③加密技术安全可靠；④频谱利用率高；⑤大区制建网；⑥可实现模拟 MPT 系统平滑过渡；⑦方便系统间互联。

2. 现场应急无线通信网系统

特殊火场环境如地下建筑、偏远地区、室内大型建筑等存在公网通信覆盖盲点或不具备通信条件的情况。为应对此类情况，便携式的自组网应急通信系统提供了有效的解决方案。

自组网应急通信系统是以满足应急通信、应急指挥需要为主要目标而开发的一系列产品，产品致力于提供一种可靠的、不依赖任何其他基础建设的、能够快速响应的通信指挥解决方案，主要应用于公共安全事件、大型集会活动、自然灾害、恐怖袭击等突发应急事件的处置响应，可为高山、林地等边远地区提供应急网络扩展，可为地铁、隧道、多层地下等网络盲区提供补盲覆盖，也可为火灾、山洪、地震等毁灭性极强的灾害现场提供紧急的救援通信及救援指挥支持，是一套能适应任何环境、能克服一切阻碍的可靠方案。

背负式应急通信终端采用无线互联技术，通过级联方式提供窄带自组多跳链路，实现大范围的语音、数据等业务覆盖功能。不需要依赖其他外部设备和通信网络，可在全天候、全地形状况下使用的便携式通信设备。采用背负式便携设计，携带方便，可迅速为应急现场提供安全可靠、易拆易建、即用即通的语音通信组网覆盖。可根据现场需要进行灵活的网络自由组建，链状、树状、网状组网均能灵活部署，实现随需而动、随欲而通的语音与视频通信网络。

自组网应急系统采用窄带无线自组网技术和宽带无线自组网技术。

（1）窄带无线自组网技术。

窄带无线自组网即 Ad-Hoc 网络，是由一组自组织、多跳、无中心、具有信息收发能力的设备组成的一张分布式的网络，具有高度的灵活性。该制式是基于标准 PDT/DMR 协议开发，支持市面上大多数满足标准的数字对讲机接入，极大减轻应急通信系统终端替换压力。该技术能够通过空口协议减少设备间连线和转接，转变一般通信系统有线互联方式为无线方式。无需配置安装复杂核心网及额外的网关接入类设备。在军事、应急处突和不易建设固定网络设施的环境下，能够迅速组建一张临时性的通信网络，具有很广阔的应用前景。

窄带无线自组网的技术特点有：

1）无线链路。无线自组网设备之间由空中无线链路完成语音和数据传输，无需任何有线链路，不仅有效降低系统造价；而且突破了因有线通信资源造成的地域限制，用最简单可靠的方式在地下室、隧道、森林、山区、边防地区等迅速建立通信覆盖。

2）级联多跳。自组网基站支持多个节点间自组级联，从而实现更远距离、更大覆盖面积的多个节点间语音、数字业务的互通。

3）灵活自组网。可根据现场需要进行灵活的网络自由组建，链状、树状、星状、网状组网均能灵活部署，在长度与广度上随需进行网络组建。

4）即时部署。某基站故障或失效后，自动搜索可连接设备进行组网（可由背负者移动配合）。当组网中某个节点失效后，周围其他节点会自动补充完成整个系统的组网互通。

5）极少频点。无线自组网系统无论组网覆盖面积多大，一个通信信道，只需要使用一个单频点，这个单频点同时将所有的转信台连成大覆盖网。移动终端只要接通任意一个转信台，就可以通全网覆盖区内任意电台。

6）三维组网。自组网可以通过无线联网的方式突破因有线链路造成的区域限制，从而将通信网络延伸到日常通信网络无法覆盖到的地下商场、地下停车场、隧道、矿井等结构复杂、对信号屏蔽严重的区域，通过多跳转发向下引入信号，快速实现地面和地下互通对讲。也可与搭载自组网设备的无人机、直升机等进行连接，以实现从空中到地面的网络连接，保证能够在紧急情况下，这些区域有可靠、实用的通信指挥网络。

（2）宽带无线自组网技术。

宽带无线自组网技术主要采用 Mesh 组网技术，基于先进的 4G、5G、WLAN 技术开发，改变了宽带网络组建中对于光纤的依赖性，通过空口实现基站交互功能，可以快速展开部署，并在移动中保持高速通信，可作为延伸链路保障应急现场宽带通信。该技术改变了宽带网络覆盖范围小、部署困难的问题，可保障多路视频即时上传，具有自适应信道分配机制，保障应急业务无障碍开展。

宽带无线自组网的技术特点有：

1）组网灵活。在蜂窝移动通信系统中，网络结构比较稳定。而在 Mesh 网络环境下，网络的拓扑结构是动态变化的。自组网的主要优势之一就是组网的灵活性，根据不同的地形、地貌，可以方便地组成链状网络、星型网络以及网状网络，满足各种应急通信的需求。不同的子网之间可以通过有线、无线的方式实现互联通，组建更大规模的应急网络，延伸覆盖范围。

2）部署便捷、操作简单。蜂窝移动通信系统的架设周期较长，网络维护和管理需要消耗相当多的人力、物力。而 Mesh 网络不需要固定网络设施的支持就可以独立组网，部署速度要快得多。Mesh 节点安装简单，无需布线，新增节点方便，容易进行网络覆盖区域的拓展，大大降低了安装和维护的时间及成本。

3）覆盖能力强。普通无线局域网是一个单跳的网络，而 Mesh 网络是一个多跳的无线网络。当节点要与其覆盖范围之外的节点进行通信时，需要中间节点的转发，即要经过多跳。与普通网络中的多跳不同，Mesh 网络中的多跳路由是由普通 Mesh 节点共同协作完成的，而不是由专用的路由设备（如路由器）完成的。Mesh 网络使用中继跳转的方式进行通信，自动选择最佳路径轻松实现非视距通信，大大延伸了覆盖范围。

4）吞吐率高。在无线自组网中，每个节点的负载和拥塞程度不仅依赖于调度机制而且依赖于路由算法，低效的路由协议会导致网络拥塞的增加和吞吐量的减少，而且带宽的分配也应基于每个节点的业务量需求和链路的质量，并且调度算法应补偿那些经历较差信道质量的节点和流。Mesh 网络会自动选择特定路由方式比如经多个短跳的方式，来进行远距离数据传输，这样可以有效地减少干扰获得更高的网络带宽。

5）时延低。无线自组网中，节点的无线链路以及由此而形成的网络拓扑结构随着节点位置的分布而移动，信道变化的因素呈现出动态变化的特性。无线自组网的路由技术面临的困难远比有线网络的大得多，因此有线网络的路由技术是无法完全适用于无线网络的。Mesh 网络在每个节点建立和维护包含到达其他节点的路由信息的路由表，某个源节点一旦要发送报文，可以立即获得目的节点的路由，报文传输时延得到有效的降低。

6）可靠性高。Mesh 网络所有节点的地位平等，是一个对等式网络，各节点通过分层的网络协议和分布式的算法协调彼此的行为。Mesh 节点可以随时加入和离开网络。Mesh 网络的多路径特性使得它比单一路径网络更健壮，如果最近的节点出现故障或受到干扰，数据将自动路由到备用路径进行传输，整个网络的运行不会受到影响，与有中心网络相比具有很强的抗毁性。

融合智能单兵终端可接入 Mesh 网络、公网、PDT 集群（支持 350~400MHz）、语音自组网网络，真正实现了宽窄带、公专网多网融合。集成窄带集群、宽带集群、宽带公网业务于一身。单兵使用时，终端可根据现场信号情况灵活选择通信链路，充分利用应急现场的资源条件开展工作。

3. 融合指挥调度技术

融合指挥调度技术是将现场的音视频数据等信息统一汇集并统一呈现，极大减轻了系统替换更新压力。系统集成网关、核心网、业务服务器、指调服务器于一身，可直接在便携计算机上搭建，前方指挥设备携带压力被压缩到最小。

融合指挥调度技术特点有：①对救援现场各类图像、语音、数据调度及信息集中共享展现。②将语音调度、视频调度以及数据信息等多种业务进行融合，统一呈现，统一管理，提供可视化指挥调度，同时能将屏幕画面投影至前方指挥部大屏幕系统。③用于前方指挥部对通信现场各类图像、语音、数据的调度和统一管理，集成核心网、网管功能，实现现场通过各类无线链路接入网络的视频资源的统一融合指挥调度，将语音调度、视频调度以及数据信息等多种业务进行统一呈现、统一管理，能将屏幕画面展现到前方指挥部大屏幕系统。

3.2.2 低功耗广域网

低功耗广域网（Low Power Wide Area Network，LPWAN）是一种远距离低功耗的无线通信网络。满足物联网中远距离和低功耗的通信需求，多数 LPWAN 技术可以实现几公里甚至几十公里的网络覆盖，适合于大规模的物联网应用部署。低功耗广域网可分为两类：一类是工作于未授权频谱的 LoRa（远距离无线电）、SigFox 等技术；另一类是工作于授权频谱下，3GPP 支持的 2G/3G/4G 蜂窝通信技术，比如 EC-GSM（扩展覆盖 GSM）、eMTC（增强型机器类型通信）、NB-IoT（窄带物联网）等。

与传统的物联网技术相比，低功耗广域网有着明显的优点：与蓝牙、Wi-Fi、Zigbee、802.15.4 等无线连接技术相比距离更远；与蜂窝技术（如 GPRS、3G、4G 等）相比连接功耗更低。由于低功耗广域网连接高效，消耗带宽小，且可直接部署于 GSM 网络、UMTS 网络或 LTE 网络，能够高效便捷地感知火、电、气、水、视频以及环境等信息，因而在消防领域得以广泛应用，如图 3.2.2 所示。

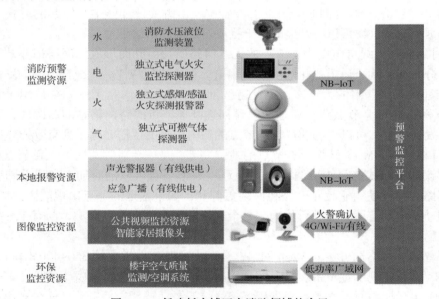

图 3.2.2　低功耗广域网在消防领域的应用

消防领域将独立式感烟火灾探测报警器、独立式电气火灾监控探测器等设备作为现场监测组件，通过低功耗广域网实现火灾、漏电、用电发热等全方位远程监控预警、警情多级推送以及消防设施状态监控管理等功能。基于低功耗广域网的火灾预警防控系统安装简单、部署成本低，可大容量组网，可靠性高，能够为居民、物业、社区、安全负责人、消防救援队伍等不同用户提供远程集中监管和预警服务平台。其典型应用形式如图 3.2.3 所示。

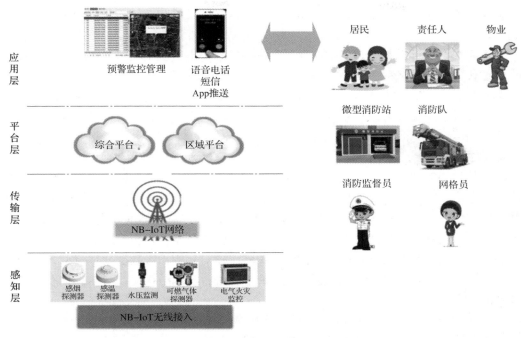

图 3.2.3　基于低功耗广域网的火灾预警防控系统典型应用形式

3.3　数据治理及支撑服务

3.3.1　数据治理

数据治理的目的就是通过有效的数据资源控制手段，进行数据的控制，以提升数据质量进而提升数据变现的能力。数据治理主要解决数据质量参差不齐、数据交换和共享困难、缺乏有效的管理机制、存在数据安全隐患等问题。数据治理是按照相关标准规范和业务要求对所辖业务数据整合治理工作，实现信息资源共享交换与开发利用，数据治理包括数据清洗、数据转换、数据关联和数据融合。

1. 数据清洗

数据清洗指把消防数据中的"脏"数据洗掉，包括检查数据的一致性，处理无效值和缺失值等。一致性检查是根据每个变量的合理取值范围和相互管理，检查书是否合乎要求，发现超出正常范围、逻辑上不合理或者相互矛盾的数据。无效值和缺失值的处理一般采用估算、整例删除、变量删除、成对删除等方法。

2. 数据转换

数据转换是将消防相关数据从一种表示形式变为另一种表现形式的过程。定制源数据到目标数据的数据转换过程，配置内容包括：两端字段的一一对应，数据类型的匹配，取值范围的选择等。

3. 数据关联

数据关联重点考虑关联关系的生成，将数据项与基础数据、知识数据进行关联，形成关联映射关系，主要包括数据字典、属性及相关含义的关联和非结构化、半结构化与结构化的关联。

数据字典、属性及相关含义的关联：如灾害等级与灾害类别关联、灾害和灾害地点关联、单位代码和单位名称关联、救援物资与物资类别关联等。

非结构化、半结构化与结构化的关联：将非结构化和半结构化数据进行提取结构化后，按照关键字（如灾害地点相同、灾害时间相同、灾害诱因相同）等进行关联，构建数据关联。

4. 数据融合

（1）信息资源规划：建立全面、标准、量化的消防管理信息台账，明确消防管理信息分类、信息项、信息源头、共享交换条件等数据描述，为消防业务系统和政务信息共享提供数据资源清单，同时形成指导消防管理数据质量的数据治理标准和规范，为数据接入、数据汇聚、数据存储、数据发布、数据交换、数据应用提供强制性的技术约束。

（2）数据处理系统：通过提取、清洗、关联、比对、标识等数据处理模型，依托自然语言处理、语音分析、生物特征识别等人工智能算法，实现结构化、半结构化以及非结构化数据的融合处理。

（3）大数据资源中心：包括原始库、资源库、主题库、专题库、知识库，为监督管理、监测预警、指挥救援、决策支持、政务管理等业务域提供数据支撑。

（4）数据交换系统：提供跨应用、跨业务、跨部门的信息共享，包括监督管理、监测预警、指挥救援、政务管理等业务域数据，相关行业数据，以及气象、时空等数据。

（5）数据应用服务：基于大数据资源中心，为上层的监督管理、监测预警、指挥救援、决策支持、政务管理等业务系统提供统一、高效的数据服务支撑。

（6）数据管控系统：包括数据标准管理、元数据管理、数据资产管理、数据质量管理和数据运维管理、数据运营管理等，有效提升消防管理数据质量。

3.3.2　数据支撑

智慧消防管理离不开大量基础数据和日常管理数据的支撑，将消防业务数据与其他领域数据精细治理、深度融合、科学分析，才能为构建立体化、智能化全覆盖的社会火灾防控体系，打造符合实战要求的现代消防救援机制提供有力支撑，做到全面提升社会火灾防控能力、灭火救援能力。

1. 数据治理整合是智慧消防的基础性关键工作

面对海量、多源的消防信息化资源数据，按照"统筹规划、引流拓源，标准统一、存用解耦，精细治理、高效鲜活"的原则，围绕"做好数据接入、做强数据治理、做优数据服务"的目标，充分利用云计算、大数据的平台优势，打造高效信息汇聚、存储、共享模式，利用先进的数据治理、整合技术，提高数据质量，做好数据共享交换和数据管控，构建完备的消防资源库、专题库，这是智慧消防基础性工作，也是业务应用快速拓展的关键所在。

2. 大数据技术将为各类消防应用提供分析决策支撑

随着大数据、云计算、人工智能、物联网等技术的快速发展，数据采集、存储、加工、分析、服务等相关技术日趋成熟，大数据技术相关产品、服务、解决方案日益完善，大数据决策支撑技术将作为推动消防安全治理体系和治理能力现代化的重要助力。在火灾预防方面，对区域、行业火灾风险进行综合评估，从传统的运动式治理、人海战术检查变为主动发现、超前预警、精准执法。在灭火与应急救援方面，根据灾情动态演变同步推送灾情处置决策辅助信息和相关救援案例，全面提升指挥决策效能。

3. 数据支撑技术框架

按照"数用分离，智能驱动"的思路，构建符合大数据发展的应急数据治理体系，实现数据接入、处理、存储、应用等全生命周期的治理。应急管理数据治理建设内容概括为在统一信息资源规划下，利用数据接入、数据治理以及数据管控三个系统实现应急管理业务数据的汇聚、治理，形成统一数据资源池，对外提供数据共享交换服务。数据支撑技术框架图如图 3.3.1 所示。

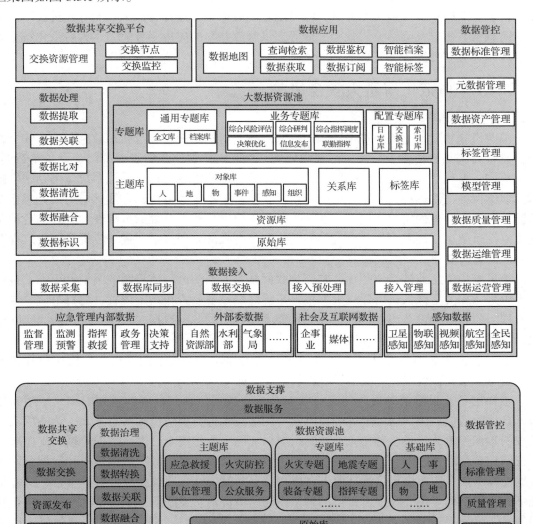

图 3.3.1　数据支撑技术框架图

数据接入是指利用数据抽取、消息服务、文件上传、填报采集等技术手段，以人工导出、前置抽取等方式，实现多源异构数据的跨网络、跨地域的统一引接。数据接入的数据类型包括消防业务数据和外部共享数据，其中消防业务数据包括应急管理内部数据和消防感知数据；外部共享数据包括外部委数据和社会及互联网数据。

3.4 业务应用

消防救援队伍的重要职责是防范化解重大安全风险和应对处置各类灾害事故，这也是各项消防救援工作的出发点和落脚点。智慧消防涵盖监督管理、监测预警、指挥救援、决策支持、公众服务五大消防业务域，深度融合大数据、云计算、人工智能等先进技术，面向消防救援队伍、社会单位、社会公众等提供开放共享的应用服务能力，为防范化解重大安全风险、应对处置各类灾害事故提供支撑。

3.4.1 防范化解重大安全风险

1. 消防设施物联网远程监控系统

消防设施物联网远程监控系统利用物联网技术对消防设施运行状态信息和消防安全管理信息进行采集、传输、交换、汇聚和处理，为联网单位、消防管理部门、设备制造商、保险机构、维保单位等提供数据服务和应用。消防设施物联网远程监控系统应用物联网技术，能够保证消防远程监控系统中的各项设备紧密连接，如采用红外线感应与激光感应对消防设备进行合理的定位和追踪，有效提升了消防远程监控系统的可靠性。同时结合消防远程监控系统运行过程中经常出现的问题，制定有效的处理方案，进一步提升消防远程监控系统的运行效率。

与传统的消防监控系统相比，基于物联网技术的消防远程监控系统灵敏性更强，报警效果更好。相关工作人员可以将火灾报警系统终端设备放置在指定位置，将每个监测点中的数据上传到终端设备当中，结合火灾报警系统显示的各项数据，判断火灾现场的实际情况，保证消防工作得以顺利开展。

（1）总体业务架构设计。消防设备物联网远程监控系统采用层次化、模块化设计方式，由感知层、传输层、支撑层、应用层组成，如图3.4.1所示。

感知层负责采集消防设施的运行状态及运行数据信息，采用低速和中高速短距离传输、自组网通信、协同通信处理和传感器中间等技术进行消防设施状态感知。传输层实现系统的数据传输，各类装置接入系统时，应保证网络连接安全，进行数据传输。支撑层为远程监控系统的核心部分，实现数据汇聚、数据治理、数据存储、数据建模和数据分发等数据支撑功能。应用层提供管理服务和应用服务。其中管理服务指综合管理平台，综合管理平台汇聚不同应用支撑平台提供的辖区内联网单位消防设施运行状态信息和消防安全管理信息，并对信息进行处理、存储、传输、交换、管理。应用服务包括联网单位应用平台、维保单位应用平台、设备制造商应用平台、保险机构应用平台和社会公众应用平台。

（2）数据集成需求。消防设施物联网远程监控系统的连接以支撑平台为中心，联网单位消防设施运行状态信息通过有线/无线网络接入应用支撑平台。应用支撑平台应能为消防设施物联网远程监控系统联网单位、维保单位、设备制造商、保险机构和社会公众提供

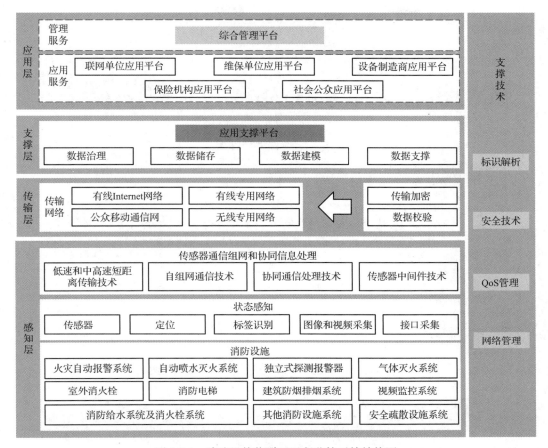

图 3.4.1 消防设施物联网远程监控系统结构图

相关数据应用服务。市级综合管理平台的数据可由一个或多个支撑平台提供，国家级、省级、市级综合管理平台应纵向互联互通。行业或企业集团应用支撑平台应按联网单位所属地理区域为市级综合管理平台提供相关业务应用服务。各级综合管理平台和应用支撑平台应为系统外其他系统提供数据共享和应用服务。消防设施物联网远程监控系统数据集成如图 3.4.2 所示。

2. 基于低功耗广域网的智能消防预警系统

基于低功耗广域网的智能消防预警系统能够为存在监管难度的场所提供一体化的智能火灾报警物联网管理措施，解决火灾预防问题，实现火灾事故的早发现、早报警、早扑灭，具有功耗低，维护成本低；能够实时上报火灾状况，降低人财物损失；同时可接入大数据平台，帮助消防监管人员决策，治理消防隐患等优点。该系统还具有稳定可靠、信息安全、距离远、容量大等特点，可为业主、消防责任人、小区物业、消防部门等不同层面提供远程预警和管理工具，能够有效加强火灾及隐患的远程监控能力，提升消防安全水平。

（1）总体业务架构设计。基于低功耗广域网的智能消防预警系统分为 4 层，由下至上分为感知层、传输层、平台层和应用层（见图 3.4.3）。其中感知层为安装在各场所内的探测装置，包括感烟、感温探测器，水压探测器，可燃气体探测器，电气火灾监控等。传输层采用 NB-IoT、LoRa 等低功耗广域网技术，收集传输各终端采集的监控信息。区域平

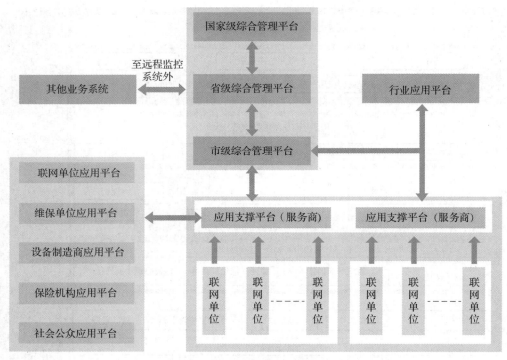

图 3.4.2 消防设施物联网远程监控系统数据集成

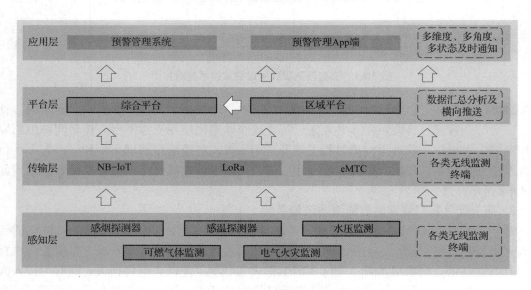

图 3.4.3 低功耗广域网智能消防预警系统

台汇总监测终端数据，及时向物业管理人员、消防监督员等预警，相关人员及时查看现场情况并做下一步处理；同时区域平台向综合管理平台定时推送数据，由综合平台进行信息处理、大数据分析等工作，并向其他平台提供横向数据共享。顶层为应用层，建立预警管理系统，及时为消防队、微型消防站提供预警信息，同时为居民、责任人、网格员等提供App 终端，通过短信、电话、推送消息等方式告知警情。

（2）数据集成需求。智能消防预警系统通过各类无线接入终端采集基础警情数据，利用 NB-IoT、LoRa 等技术传输至区域平台，及时向相关人员预警；同时汇总至综合平台进行大数据分析，通过预警管理系统展示相关信息，为消防预警工作提供参考。

3. 火灾隐患社会化整治系统

火灾隐患社会化整治系统以互联网和物联网技术为核心，构建可覆盖全国的系统，实现"前台统一受理、后台社会化协同"的实时在线业务处理模式。系统采用 B/S 结构，搭建常态化的火灾隐患排查机制，以社会单位火灾隐患排查、防火监督部门火灾隐患核查为主线，开发基于多媒体的移动互联网火灾隐患社会化整治系统，对火灾隐患的排查、举报、受理、核实、督办、整改、公布进行全流程精细化管理，实现火灾隐患在举报、核实、排查等环节的社会化协同，社会单位隐患发现能力定量评价、以及社会化任务的自动调度等功能。

（1）总体业务架构设计。火灾隐患社会化整治系统由火灾隐患整治的服务器端管理平台和手持移动终端 App 组成（见图 3.4.4）。

服务器端管理平台具有消防隐患的受理、隐患核实、隐患督办、整改审查、排查任务发布、排查任务跟踪审核、通知公共发布等功能，同时具有根据区域、行业对社会单位消防隐患发现定量评价功能。手持移动终端 App 主要包括四个用户层面，分别是社会个人、社会单位、网格员和消防管理部门。社会个人功能主要为消防隐患举报、消防隐患整改信息跟踪、通告查看等功能。社会单位功能包括基本信息管理、巡检和上报、查询并处理经核实需要整改的隐患、查询消防部门发布的排查任务，并提交接收确认反馈。网格员收到隐患信息后，首先确认该隐患的主体单位，若已在举报信息中指定，则通知单位主体进行整改；若未指定，则寻找主体单位并通知整改，若未找到，则放弃该隐患举报，并反馈举报者。消防部门对隐患整改进行审核监督管理，具有消防隐患的排查审核、举报受理、督办、整改反馈、排查任务发布、教育信息、重大事件的公开发布等功能。手持移动终端 App 支持文本信息、照片、视频等多种形式，为公众举报火灾隐患提供快速通道，并将火灾隐患举报信息统一管理，隐患处理完毕自动反馈整改结果给举报用户。

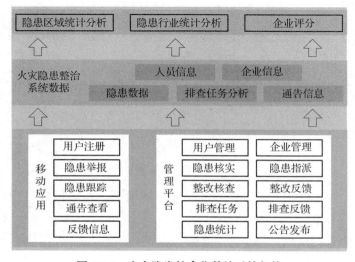

图 3.4.4　火灾隐患社会化整治系统架构

（2）数据集成需求。火灾隐患社会化整治系统实现社会人员、社会单位、消防部门、组织机构数据的一致性以及统一的用户认证和管理；与消防数据资源中心集成，同步业务数据到实战指挥平台。火灾隐患社会化整治系统数据通过手机 App 端，利用互联网获取火灾隐患信息、隐患位置信息、隐患处理整改反馈信息，在火灾隐患社会化整治系统服务器端管理平台上可以直接调取相关文字、图片视频等信息。

4. 消防安全多因素综合风险评估系统

消防安全多因素综合风险评估系统对汇集的各类消防业务数据进行挖掘、分析和展示，建立可实时定量评价的消防风险评估模型和评估方法，并通过创建的模型算法对基础数据进行规则运算，评估社会单位的消防安全风险状况，确定其风险等级，发现风险项，指导其改进消防安全机制，辅助消防监管部门进行监督管理。

（1）总体业务架构设计。消防安全多因素综合风险评估系统包括移动应用、综合管理平台，其总体架构如图 3.4.5 所示。移动应用实现社会单位的消防安全管理行为，包含隐患发现、隐患整改、建筑消防设施报警、维保信息的通知与查询、消防巡检计划执行记录、消防安全教育培训、重要消防安全信息推送等。综合管理平台实现社会单位多因素综合风险评估、消防安全巡检、消防安全培训演练等，以及用户账户的管理。

多因素综合风险评估流程如图 3.4.6 所示。多因素综合风险评估的风险特征因素综合考虑影响消防安全的因素，以社会单位的消防安全数据为基础，根据国家相关法律、行业领域特点等进行风险识别与风险分析，分析处理社会单位消防安全数据，从而确定单位火灾危险源、建筑防火、人员情况、消防安全管理、消防力量等方面的因素，具体见表 3.4.1 和表 3.4.2。

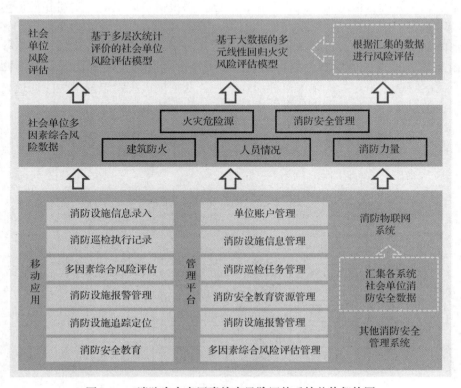

图 3.4.5　消防安全多因素综合风险评估系统总体架构图

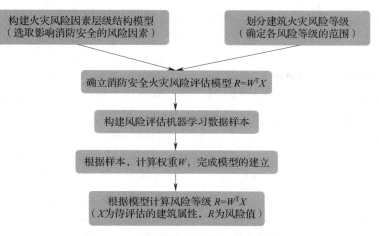

图 3.4.6 多因素综合风险评估流程图

表 3.4.1 影响消防安全的风险特征因素

火灾危险源	易燃易爆物品	人员情况	人员载荷
	电气安全情况		人员素质
	不安全吸烟	消防安全管理	消防安全责任制
建筑防火	耐火等级		消防安全培训
	防火间距		隐患整改情况
	自动报警系统		消防维保情况
	防排烟系统		防火巡查信息
	自动灭火系统	消防力量	消防队响应速度
	消火栓系统		消防队员水平
	疏散通道		消防水源
	应急出口		消防装备情况
	应急疏散照明		应急预案情况

表 3.4.2 风险等级量化和特征描述

风险等级	名称	量化范围	风险等级特征描述
1 级	低风险	[85, 100)	几乎不可能发生火灾，火灾风险性低，火灾风险处于可接受的水平，风险控制重在维护和管理
2 级	中风险	[65, 85)	可能发生轻微火灾，火灾风险性较低，火灾风险处于可控制的水平，提高安全意识，风险控制重在局部整改和加强管理
3 级	中高风险	[45, 65)	可能发生一般火灾，火灾风险性中高，提高安全意识，局部整改和加强消防安全管理
4 级	高风险	[25, 45)	可能发生较大火灾，火灾风险性较高，火灾风险处于较难控制的水平，应采取措施加强消防基础设施建设和完善消防管理水平
5 级	极高风险	[0, 25)	可能发生重大或特大火灾，火灾风险性极高，火灾风险处于很难控制的水平，应当采取全面措施对建筑的设计、主动防火设施进行完善，加强对危险源的管控、增强消防管理和救援力量

（2）数据集成需求。通过 ETL（数据仓库技术）、中间件等技术手段，从多个消防业务系统获取数据，将分散独立的各类消防基础数据集中装载处理并统一存储在系统的数据库中，主要包括单位火灾危险源、建筑防火、人员情况、消防安全管理、消防力量等数据。开展数据治理对数据资源进行完整性、唯一性、规范性、值域、字符特征等方面的分析和校验，根据存在的数据质量问题，进行针对性处理，改善提升数据质量。

5. 消防安全社会化服务云平台

消防安全社会化服务云平台汇集了城市消防远程监控系统、隐患排查、网格化管理、消防安全教育、消防安全评估、风险预测等数据，综合社会单位防火巡查巡检、消防设施管理、消防维保服务、火灾隐患判定整改、灭火疏散预案管理、消防宣传教育等多种因素火灾风险定量评价技术，解决社会个人、单位以及消防部门的快速可靠信息交互难题，实现全时段、可视化监测消防设施状态，实时化、智能化评估消防安全风险，差异化、精准化消防安全监督，为公众、社会单位、消防主管部门、政府等提供一站式、综合性消防安全管理服务。

（1）总体业务架构设计。消防安全社会化服务云平台由基础设施层、数据层、平台服务层、应用层以及用户层五个部分构成，如图 3.4.7 所示。基础设施层包括服务器、存储、网络等物理设备；数据层建立合理的网络拓扑结构，接入多模态的消防大数据（物联网数据、一体化数据、车载数据、地图数据以及其他部门数据）；平台服务层包括基础设施服务、平台服务、数据服务、运维管理、安全监控和标准框架等内容，实现资源的聚合以及对虚拟资源的动态管理；应用层主要包括消防设施管理、维修保养、隐患排查、安全追溯、安全评估、风险预测、警情通知等内容。通过建立多种应用的数据模型，对消防安全社会化服务云平台汇集的海量数据进行大数据分析，为消防安全社会化服务提供支持。用户层包括消防用户、社会单位用户、政府用户等。

（2）数据集成需求。云平台针对数据用户特点与消防安全实时性需求，构建了集群化的网络拓扑结构以及相应的数据接入机制。服务集群由 Web 服务器集群、应用服务器集群、数据库服务器集群组成，并按照地区进行划分，如北京地区集群，辽宁地区集群，各个部分与各个消防总队对应。按照地区进行划分的原因主要有以下两点：一是消防安全社会化服务云平台是面向全国提供消防服务，而各地区消防信息化建设与发展的差异较大，对集群要求的差别也很大，因此按照地区划分集群是比较合理的；二是按地区方式划分有利于后续的升级、扩展、调整和管理。

6. 消防产品全生命周期管理系统

消防产品全生命周期管理系统实现消防产品从发证、生产、使用、监督检查、证书处理等各环节的全面、实时的电子化监控和管理，主要业务包括消防产品基础信息库维护、消防产品监督抽查、消防产品日常监督检查、举报投诉和工作考核。业务范围覆盖部局、消防产品合格评定中心、消防产品质量监督检验机构、省（区）总队及直辖市总队、支队、大队以及社会公众。

（1）总体业务架构设计。消防产品全生命周期管理系统采用分层架构模式，将系统分为基础设施层、数据资源层、业务应用层以及用户层。基础设施层包括网络基础设施和信息安全基础设施；数据资源层主要由数据库组成，其中结构化数据库主要汇集消防产品身份信息管理系统、消防产品市场准入系统、社会公众服务平台、消防监督管理系统等应用

图 3.4.7 消防安全社会化服务云平台总体框架

系统数据，非结构数据库主要是由一些文件型的数据构成，数据库是业务应用信息系统的组成部分和数据中心的基础；业务应用层主要包括应用开发平台和中间件（应用服务器、消息中间件、Web 服务器）。通过建设应用支撑平台，实现界面集成、应用集成、数据集成及流程集成来达到集成效果。系统架构具体情况如图 3.4.8 所示。

（2）数据集成需求。消防产品全生命周期管理系统利用综合业务平台实现单点登录、待办提醒事项、同步机构信息和人员账户信息。在现有的消防监督管理系统中增加录入登记申请材料上的消防产品信息功能和消防产品监督检查的抽签功能，消防监督管理系统获取相应的工程信息和消防产品信息，根据检查情况进行相应处理。通过社会公众服务平台与消防产品身份信息管理系统和消防产品市场准入系统的数据交互，获取公众用户在社会公众服务平台上登记的消防产品相关举报投诉信息、特殊消防产品的建设工程信息，并将消防产品目录变动数据、市场准入认证信息、消防产品身份信息、同步到社会公众服务平台。系统数据交换如图 3.4.9 所示。

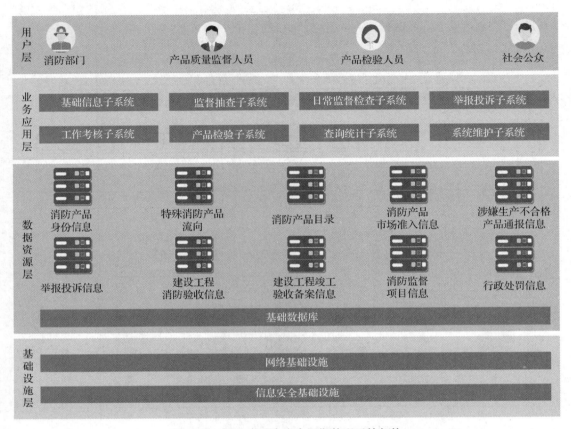

图 3.4.8　消防产品全生命周期管理系统架构

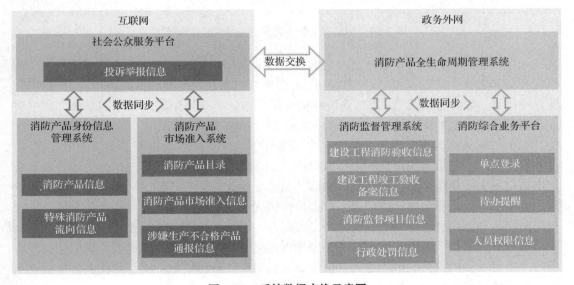

图 3.4.9　系统数据交换示意图

3.4.2 应对处置各类灾害事故

1. 灾害现场态势感知系统

灾害现场态势感知主要是针对人、车、物、事件进行感知，根据感知对象可大致分为人员、装备和现场环境信息三大类。人员信息感知主要包括：灾害现场被困人员信息以及消防员室内外定位信息、生命体征信息、空呼压力信息等；装备信息感知包括：车辆定位、底盘、上装、各类液位信息，以及可移动装备在位信息，库存特种装备信息，泡沫存储位置与储量信息等；现场环境信息感知包括：风力、风向、气压、温度、现场图像、危险气体浓度与变化、水源以及高温、浓烟、建筑物坍塌、障碍物、有毒有害物质、可能发生的爆燃与轰燃等可能对消防战斗员生命安全构成严重威胁的信息，总体业务架构设计如图 3.4.10 所示。

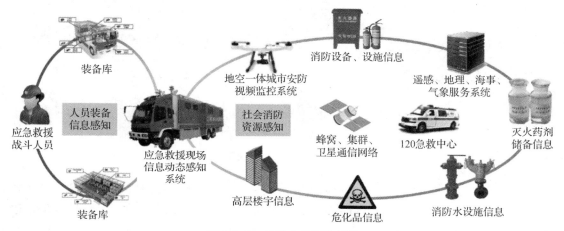

图 3.4.10 总体业务架构设计

（1）建筑火灾态势与人员分布监测系统。系统对火灾自动报警系统发出的各种报警信息和设备动作信息进行实时采集，对建筑火灾态势发展进行动态显示和趋势预测。通过在建筑、楼层等出入口处和汇集区域安装客流计数装置，实现进出人员计数、视频查看和人数统计。

（2）消防员动态信息监测系统。基于智能终端，实现消防员动态信息监测。智能终端一方面解决单兵的语音、图像、数据传输问题，另一方面通过体域通信网，汇集室内定位、生命体征、空呼压力等单兵及装备信息，大大提高了单兵装备的集成度、有效降低了单兵装备内部的通信干扰问题，而且由于数据集中传输，使得通信资源的使用效率也大幅增加。

（3）消防车辆动态信息管理系统。消防车辆作为重要的消防装备，其数据对应急处置非常重要。通过对多类信息的采集、传输、存储及业务流程管理，对灭火与应急救援现场消防车辆、车上装备器材动态信息实时采集与管理。消防车辆动态信息管理系统实现车辆底盘和上装信息、车载装备器材、随车战斗人员、战斗状态、图像、气象、GPS 定位等信息的采集、传输、存储及业务流程管理功能。

（4）现场环境监测系统。现场环境感知系统由现场环境监测终端、气体侦检仪、数据读写器、现场无线专网和现场环境监测等组成。现场环境监测系统由前端多合一气体侦检仪、数据读写器、监控终端、现场侦检监控平台等组成，可对现场危险气体、有毒有害物质进行实时感知与监测。

2. 灭火救援综合信息指挥决策平台

灭火救援综合信息指挥决策平台将为参与灭火救援的各级各类人员，尤其是指挥决策人员，提供现场环境、消防车辆、装备器材、消防战斗员状态等信息显示方面的应用支持。灭火救援综合信息指挥决策平台主要包括信息汇集与分发、综合动态信息展示、现场指挥决策和信息维护等功能，总体框架如图 3.4.11 所示。

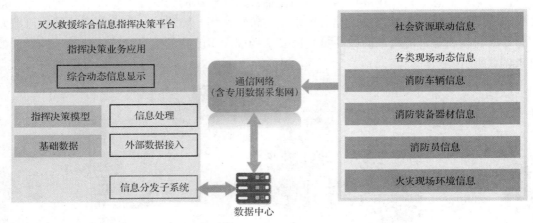

图 3.4.11 灭火救援综合信息指挥决策平台总体框架图

（1）信息汇集与分发。系统汇集通过无线通信网络汇聚到数据中心的灭火救援现场各类动态信息和以人员、建筑等基础数据为主的静态信息，经过信息分发子系统的处理送达各业务处理子系统。

（2）综合动态信息显示。综合动态信息显示作为指挥决策业务应用功能的一个组成部分，用于展现现场综合态势信息。为了更好地支持面向用户的信息展现，原始接入的各类信息必须经过基本的信息分类、用户需求识别等综合信息处理，形成综合信息元素，并有信息展现模块以合适的方式予以显示。

（3）现场指挥决策。现场指挥决策在各类信息资源的基础上，实现构建建筑内部结构地图和作战意图标绘制功能。通过调取数字化预案管理平台的地图数据内容，构建相关单位的建筑内部结构地图，建筑内部结构地图是完善消防人员灾难现场信息、被困人员信息以及实现 GIS 地图上精确标绘的重要参照依据。作战指挥的核心，是指挥员能准确地表述自己的作战意图，并能快速地传达到各执行单元，各执行单元能及时将执行结果和灾情态势反馈给指挥人员。系统需提供作战意图标绘工具，其中需要包括：灾害标记、救援车辆图标、参战人员图标、救援设备图标、标画操作、测量操作等功能。

（4）信息维护。为保障人员在救援指挥及其行动中对现场动态信息的有效使用，技术人员要在平时对信息资源进行建设与维护，必要时，在救援行动过程也需要对新的信息资源进行扩充或者对信息的分发控制进行必要的调整。

3. 灭火救援数字化预案编制和管理平台

灭火救援数字化预案编制和管理平台，充分利用物联网、移动互联网及各类传感器技术，全面收集整合数字化预案的基础数据，结合消防救援人员、车辆、装备和技战术信息，编制满足消防队伍日常熟悉演练、作战指挥需要的数字化预案。预案内容能根据事态的发展演变及时进行动态调整，及时将更新后的行动方案迅速通知有关人员和部门，实现"异地储存、在线查询，远程推送、辅助指挥，室内熟悉、案例学习"等功能。预案编制和管理平台具有地理信息测量、作战部署标绘、辅助单兵定位、灭火救援力量等信息查询功能，实现计划指挥和辅助临机指挥、室内熟悉演练、战例复盘、作战指挥推演、三维场景展示等功能。

（1）总体业务架构需求。灭火救援数字化预案（以下简称数字化预案）是指以信息技术为手段，以预案信息管理系统为载体，通过结构化、可视化、智能化的方式展现对象基础资料、消防力量资源和作战部署方案等内容要素，具有展示直观、分析智能、操作简洁和高效实用等特点的灭火救援预案。数字化预案内容应包括基础资料、灾情设定和作战部署三部分。预案信息管理系统总体架构图如图 3.4.12 所示。

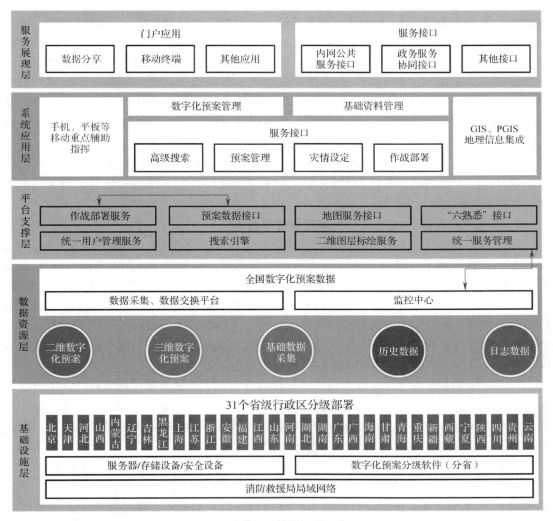

图 3.4.12 预案信息管理系统总体架构图

1）基础资料。基础资料主要包括单位基本情况、单位建筑信息、消防设施信息和重点部位信息。以上内容在二维预案中主要以文字信息配合地理信息系统、平面图、全景图像（或实景照片）进行标注展示；在三维预案主要以文字说明配合三维模型、全景图像（或实景图片）进行展示。

2）灾情设定。以预案编制对象可能发生的灾害类型和危险性分析结果为依据，以最严重、最危险、最复杂灾情为假设情况，充分考虑灾情发展的不同阶段和可调集力量，细化灾害设定和作战部署，提高数字化预案作战部署的针对性和可操作性。灾情设定应包括灾情描述和阶段划分两项内容，每个灾情应编制相应的作战部署方案。

3）作战部署。主要内容包括力量调集、战斗部署、通信保障、战勤保障、应急联动和注意事项六项内容。其中，力量调集和注意事项可以文字形式在二维、三维预案中体现，其他内容标注在二维图片和三维模型上。①力量调集：根据灾情描述和阶段划分，确定与灾情等级相适应的力量调集方案，明确编队、车辆装备的调集类型、数量。②战斗部署：确定战斗编队车辆、装备和主要作战人员的作战位置和作战任务，明确供水路线、进攻与紧急撤离路线、疏散路线、举高车作业面和现场指挥部位置。③通信保障：确定通信指挥车、卫星车、图传点位、中继设备等通信车辆装备的位置和通信任务，制定跨区域通信组网方案。④战勤保障：确定保障车辆、装备和关键人员的具体位置和保障任务，标明车辆集结区、装备集结区、伤员集结区、车辆供水点位、战勤保障区等。⑤应急联动：确定应急联动单位、装备、物资和人员的数量和调集方式，明确联络人和联动力量集结区。⑥注意事项：针对灾害设定和作战部署方案进行战注意事项和安全要则的提示。

（2）数据集成需求。数字化预案平台与31个总队前置系统实行数据汇集操作，汇集操作主要采用三种数据归集技术方案FTP、消息队列中间件和ETL抽取工具。数字化预案数据交换图如图3.4.13所示。

4. 基于"大数据""一张图"的实战指挥平台

基于"大数据""一张图"的实战指挥平台依托各级指挥中心职能定位和任务需求，服务于应急管理部消防救援局各级灭火救援实战指挥，聚焦重大灾情增援和消防态势分析，加强消防安全管理，部局级汇聚消防一体化业务信息系统数据资源、社会联动资源、城市重大事故及地质性灾害救援现场的语音、图像和数据等资源，基于"一张图"实现资源的动态展示，以及全国综合警情的多维度分析，并根据灭火救援实战指挥实际需要，开展资源的深度整合和综合应用，形成基于消防大数据和跨部门共享的联合部消防局实战指挥平台，提升应急指挥中心指挥调度和决策分析能力。

（1）总体业务架构设计。以实现消防救援应急处置平台的业务目标为目的，制定业务服务策略、组织、功能、流程、信息及业务环境的地理分布。业务架构是在业务原则、业务目标及策略驱动基础上，通过建立业务架构模型视图，来描述业务的场景与流程，保证业务架构与系统需求一致。总体业务架构图如图3.4.14所示。

实战指挥平台自下而上地分为总队实战指挥平台和互联网数据采集、基础通信网络层、硬件基础设施层、数据资源层、公共服务平台、应用展现层六个层次。最下层是全国31个总队实战指挥系统依赖于基础通信网络进行基础数据采集，网络层主要是各种网络和通信资源，包括计算机通信网、有线通信网、无线通信网、卫星通信网和互联网，为整

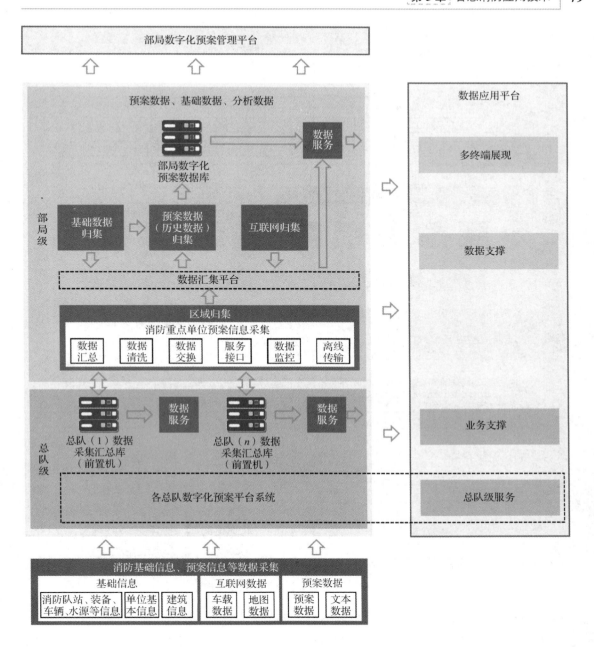

图 3.4.13 数字化预案数据交换图

个实战指挥系统提供底层网络和通信支撑；在其上的是硬件基础设施层，包括通信指挥中心、移动指挥中心、信息中心、灾备中心和光闸，为上面三层的软件应用提供硬件设施和环境；硬件基础设施之上是数据资源层，通过基础数据库和基础数据平台软件的建设，为上层的实战指挥业务提供统一的数据支撑；在数据资源层之上是实战指挥公共服务平台，同时为部局其他信息化系统提供横向的数据服务，它是在部局"一体化"公共服务平台和公安部提供的部分服务软件的基础上，经实战指挥需求定制和自行研制构建而成，为上层实战指挥业务信息系统的构建提供支撑；实战指挥业务信息系统主要包括战备值守、应急

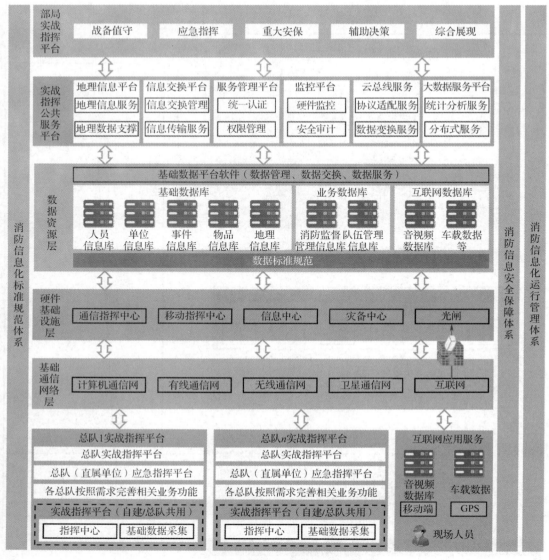

图 3.4.14　实战指挥平台总体业务架构图

指挥、重大安保、辅助决策和综合展现等五大类功能。

（2）数据集成需求。实战指挥平台通过消防数据资源中心实现人员、用户、组织机构数据的一致性以及统一的用户认证和管理。通过指挥调度网视频专网的视频共享平台，取得音视频点位相关信息，接入实战指挥平台，在实战指挥平台上可以直接调取相关视频。通过电子政务外网交换灾害预警、气象数据、地质灾害等政府部门的数据。还通过互联网获取涉消舆情信息、微信小程序发送过来的信息。数据交互过程如图 3.4.15 所示。

5. 装备物联网管理系统

装备物联网管理系统汇聚消防车辆信息数据、装备信息数据、应急救援联动信息数据及装备信息管理数据等资源，为装备管理可视化立体感知应用提供信息数据融合支撑。该系统总体架构如图 3.4.16 所示。

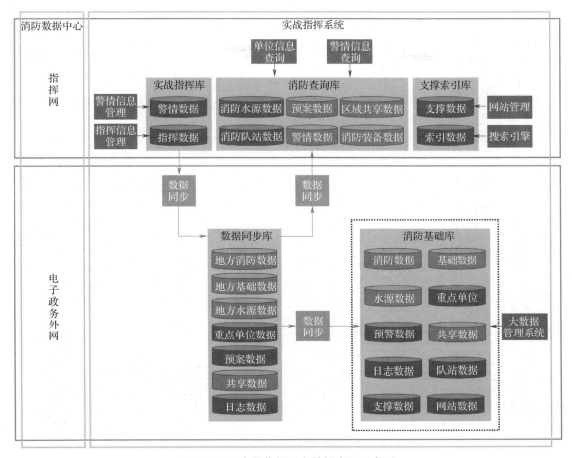

图 3.4.15 实战指挥平台数据交互示意图

装备信息互联网：从装备供给源头执行"装备信息二维码"在线交互审核规则，有效构建精准的装备基础信息数据库。同时不断完善装备效能测试数据汇聚，构建装备效能测试结果数据库，结合装备应用效果评价，以及历史数据痕迹，为装备供给配置决策提供基准的信息数据支撑保障。

装备管理物联网：依托物联网和大数据应用技术，对应急救援战斗单位消防车辆、装备器材、灭火药剂等装备物资状态信息进行精准采集、汇聚，并进行数字化应用处理。

装备管理可视化：便于战斗执行单位及决策机构立体感知辖区内应急救援装备物资状态信息，其视讯立体感知信息包含装备地图、数据综合统计、辅助调派、装备调拨、装备配置、装备查询、报表统计、装备信息维护、装备状态跟踪、车辆状态信息查询和日常业务工作。

6. 灭火救援大数据分析系统

灭火救援大数据分析系统是以汇聚的灭火救援作战过程产生的海量信息为基础，结合灭火救援业务需求，采用数理统计、机器学习等方法进行数据挖掘的可视化分析系统，通过多个维度全面展现历史警情发展趋势、分析重点致灾因素、高发时段、火灾风险等，可为火灾预防、过程控制、指挥决策、消防建站选址、消防力量配备等消防业务提供理论依据，有利于提高工作效能。

装备管理可视化	装备地图	装备器材总图	消防车辆图	装备器材地图	灭火药剂地图
	辅助调派	数据汇集	警情信息	气象道路信息	搜索周报	灾圈范围
		灾圈实力	数字预案	危化处置	灭火药剂计算	到达统计
		救援实况	卫星街景地图	消防车轨迹回放	周边力量查询	
	综合统计	数据统计	数据查询	数据配备	状态跟踪	报表统计
	日常业务	标准规范定义	消防车辆地图	装备调拨	装备配备管理	装备信息维护

装备管理物联网	消防车辆	底盘信息监控	上装信息监控	定位信息监控	装备器材信息监控	人员状态信息监控
	消防装备	实时监控	一键式盘点	仓储自动化	全生命周期管理	统计报表
		消防站建设标准	数据查询	调拨指令查询	仓库信息	装备信息维护
		库存台账	单据管理	仓库平面图	二维码管理	车辆信息维护
	移动互联	装备信息查询	装备出库	装备入库	装备调拨	装备借还
		装备保养	装备维修	退役报废	库位转移	装备装载卸载
		装备搜索	装备统计			

装备信息互联网	政务外网	装备搜索	装备对比	装备选择	数据导出	应用评价
	体制内	供应商企业信息核对	供应商装备数据核对	供应商通告信息互动	数据核对	
	体制外	供应商注册	装备数据录入	打印二维码	在线服务	

（装备物联网管理系统）

图 3.4.16　装备物联网管理系统总体架构图

（1）总体业务功能设计。灭火救援大数据分析系统主要包括基于消防业务维度的统计分析、基于数据挖掘的预测分析两大功能模块。

基于消防业务维度的统计分析：利用数理统计方法对灭火救援数据按照时间、空间、关键数据项等维度进行统计分析。主要包括历史警情分析、典型城市分析、冬春季警情分析、火灾统计分析功能，可视化展示警情发生时空分布，火灾发生的建筑类型、场所类型、原因类型等的占比，重要时段较大及以上火灾规律，全面直观呈现全国接处警历史警情、典型城市历史警情的变化趋势。

基于数据挖掘的预测分析：以海量灭火救援数据为基础，利用机器学习算法，建立多种智能预测数学分析模型，结合地域性特征数据，对区域灾情进行预测分析，包括火灾数量预测、区域火灾概率预测、区域火灾风险预测、区域火灾重心迁移轨迹预测、火灾时空关联分析、致灾因素重要性分析等。通过深度挖掘数据潜在价值，全面支撑火灾危害程度评估、直接致灾因素研判以及重大灾情预警，有效指导消防政策制定及工作部署。

（2）数据集成需求。数据汇聚要求：主要包括历史接处警信息、灭火救援文书信息、灾害地点信息、作战车辆动态信息、历史火灾统计信息、户籍化网格信息、重点单位物联感知信息、区域气象信息以及互联网舆情信息等。

　　数据治理要求：将原始灭火救援数据通过 ETL 专用工具抽取、数据库全量或增量备份、数据接口查询等方式进行抽取、治理与整合，形成高质量的数据集，确保基础数据准确性、可用性，为后续的数据专题分析提供数据源基础。同时，涉密数据整合前要进行脱密处理、跨网数据交换要严格执行相关规定，确保数据安全。

7. VR/AR 模拟训练系统

　　消防模拟训练系统是 VR/AR 技术与消防救援队伍综合救援业务结合的产物，与消防队伍传统的场地式实训相比，具有训练成本低、过程安全可控、针对性强等优势。在 VR/AR 模拟过程中，消防官兵可以基于消防单位的地理坐标、相关环境、单位结构、消防设施等基本条件，通过 VR/AR 生产技术建立虚拟环境，根据虚拟环境训练需求植入并设置虚拟现实眼镜、手套、三维鼠标和其他传感装置，模拟训练过程中的消防设备和执行脚本，实现消防队伍的业务模拟训练。

第4章　智慧消防技术管理体系

作为满足当前消防事业实际需求的智慧消防技术，既要构建完整的体系结构，还应该设计与之对应的标准框架、支撑保障机制、建设管理模式以及长效的生态体系。

4.1　智慧消防技术数据架构

根据消防信息化系统及社会单位、各行业组成要素间的关系，智慧消防的数据架构以围绕消防相关业务领域内各类海量数据为基础，结合各部委数据、行业数据和互联网数据，形成全方位获取、全网络汇聚、全维度整合的应急管理大数据感知体系，智能处理、精细治理、分类组织的数据资源融合体系，以及统一调度、精准服务、安全可控的信息共享服务体系，覆盖数据接入、数据处理、数据服务、数据共享和数据管理等过程，有效支撑消防各级各部门监督管理、监测预警、指挥救援、决策支持、公众服务等业务应用，提升消防管理智能化、现代化的建设水平。数据架构通常按照数据来源、数据组织、数据流程三个维度进行划分，数据架构如图 4.1.1 所示。

从数据来源角度看，主要包括应急管理与消防数据（如应急管理部各司局、消防救援总队、省应急管理厅、消防救援支队、消防救援大队、消防救援站等）、政府其他部门数据（如水利、气象、交通、公安、自然资源等）、行业数据（如重点单位、一般单位、"九小场所"、行业协会等社会组织）、互联网数据（如微博、微信、网站等）。

从数据组织角度看，主要包括原始库（对不同来源的数据，按照数据的原始格式进行存储）、资源库（对原始库进行数据清洗、数据转换、定级定类等标准化处理）、主题库（围绕人员、地址、事件、物品、机构等主题，进行数据分析和整理后形成的数据集合）、知识库（特征知识数据和规则方法集合，如应急处置规则、业务处理逻辑等）和业务库（面向特定业务应用需求的数据集合，如基础信息库、风险隐患库、事故灾害、应急资源库、监管执法库、政务服务库等）、元数据库（面向技术和业务的相关概念、关系和规则的数据，数据表、字段的基本元素信息）和索引库（面向应用实现大数据资源池内业务对象的路由查询）。

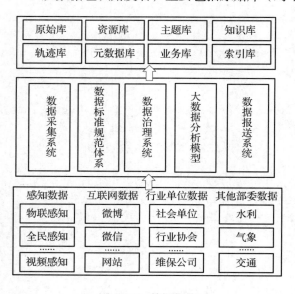

图 4.1.1　数据架构

数据应用流程如图 4.1.2 所示。

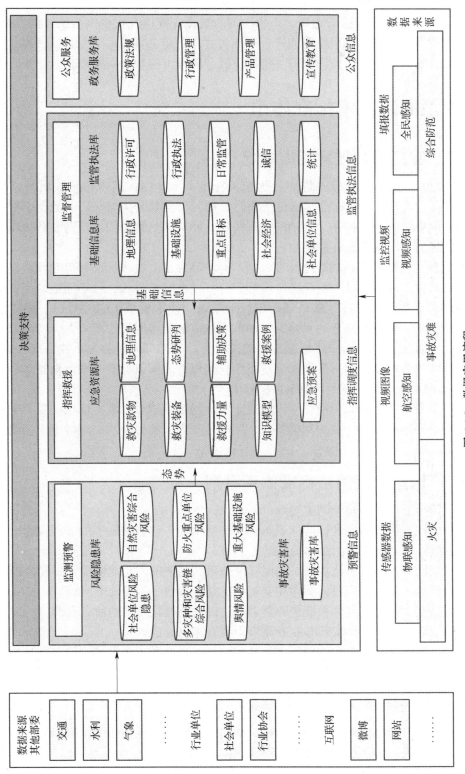

图 4.1.2 数据应用流程

通过物联感知、航空感知、视频感知和全民感知等手段对灾害事故进行全面感知，实现对灾害事故的全过程全链条感知、指挥决策的数据支撑以及提供灾后统计的数据来源，共同支撑构建基础信息库、风险隐患库、事故灾害库、应急资源库、监管执法库、政务服务库，支持开展监督管理、监测预警、指挥救援、决策支持和公众管理五大业务应用。

4.2 智慧消防技术标准体系

4.2.1 智慧消防技术标准概况

截至 2020 年底，已发布消防信息化相关标准共 125 项，其中包括 3 项国家规范和 122 项国家或公共安全行业标准，涵盖了消防数据元、信息分类与代码、数据交换、应急通信设备、网络体系、交换平台、消防指挥决策、物联网远程监控、消防装备物联等信息系统，另外还有 6 项标准正在制定中。

这些标准主要集中在基础数据标准方面，而产品标准、技术标准相对建设缓慢，特别是缺少基础共性、互通共享方面标准。另外，一些标准标龄过长，已不能适应当前形势要求，急需修订。如国家标准《移动消防指挥中心通用技术要求》GB 25113—2010 发布实施至今已经多年，包括 8 部分的系列国家标准《城市消防远程监控系统》GB 26875—2011 发布实施已经多年，随着新一代信息技术的发展，标准的部分条款也不能适应当前需要，目前已有 3 项列入修订计划，其余部分应视情立项修订。国家标准《城市消防远程监控系统技术规范》GB 50440—2007 目前也在修订中。

从总体上看，智慧消防标准化建设滞后于实际的系统建设，现有标准主要集中在消防信息分类与编码标准方面，缺少基础共性、互通共享方面的标准，一定程度上制约了智慧消防的建设发展。

4.2.2 构建智慧消防标准体系原则

智慧消防标准体系构建原则主要有以下几点：

（1）科学性。确保编制的标准体系符合"智慧消防"建设和发展的客观规律，是标准体系应用安全、可靠、实用的根本保障。

（2）系统性。遵循体系化规则，确保标准体系结构清晰，功能明确，布局合理。

（3）协调性。避免各层级之间存在交叉、重复、矛盾、不配套的问题。

（4）完整性。确保标准体系覆盖智慧消防建设对标准化需求的所有方面。

（5）适用性。适合工作实际和业务需求，具有实用价值。

（6）可扩展性。既要考虑当前需求和技术水平，也要对未来发展趋势有所预见，使之能够根据科学技术和标准的发展以及需求的变化而不断进行更新、扩充和完善。

4.2.3 智慧消防标准体系框架

我国智慧城市标准体系已经初步构建，并制定发布了一系列相关国家标准，规范和推动智慧城市的发展。参考智慧城市标准体系架构，智慧消防标准体系可以包括三大方面：基础标准、管理标准和应用标准。智慧消防标准体系总体架构如图 4.2.1 所示。

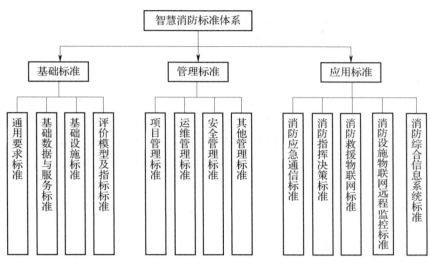

图 4.2.1 智慧消防标准体系总体架构

1. 基础标准

基础标准是具有广泛的适用范围或包含一个特定领域的通用条款的标准，主要包含通用要求标准、基础数据与服务标准、基础设施标准、评价模型及指标标准。

通用要求标准应主要包括智慧消防建设总体技术要求和术语两方面，用于规范智慧消防建设总体技术要求，以及应用中涉及的信息技术术语、业务术语、图形符号等。目前尚无此类标准，应抓紧制定《智慧消防总体架构与通用技术要求》标准，指导和引领各地乃至全国智慧消防建设，保障智慧消防建设规范、健康和有序进行。

基础数据与服务标准是用于对智慧消防基础数据进行规范化和标准化，保证数据的准确性、可靠性、共享性，以实现数据共享以及信息集成。截至 2020 年底已发布实施标准共 99 项，主要以数据元及消防信息代码类标准为主，如《公安数据元（4）》GA/T 543.4—2011、《消防信息代码　第 1 部分：消防专家专业分类与代码》GA/T 974.1—2011、《化学品危险性分类与代码》GA/T 972—2011、《消防装备器材编码方法》GA/T 1214—2015 等。另外，数据共享类标准是当前业务急需，建议抓紧制定消防信息系统间数据交换协议通用要求标准。

基础设施标准用于规范支撑系统运行的云平台、通信网络、机房环境等方面的标准。目前已发布实施标准 1 项，即《消防指挥调度网网络设备和服务器命名规范》GA/T 1037—2013；为进一步加强基础设施安全，应加强消防网络安全技术标准化研究；目前，各地独立式探测报警器联网大量应用云平台，建议制定智能火灾预警云平台通用技术要求标准，以规范各地独立式探测报警器联网系统云平台建设。

评价模型及指标标准用于规范支撑系统数据库、接口协议、性能评价等方面。目前暂无已发布实施的标准，应根据需要陆续开展智慧消防评价指标体系、智慧消防评价模型、智慧消防数据库测试规范、智慧消防接口协议测试规范、智慧消防应用系统验收规范等标准研究，视情况立项制定。

2. 管理标准

管理标准是指对标准化领域中需要协调统一的管理事项所制定的标准，应主要包含用于规范系统建设中项目的立项、建设、监理、测试、验收等各环节需要遵守的项目管理标准，用于规范系统建设中各类软硬件及环境的运维管理标准，用于规范系统建设所涉及的物理、系统、网络和应用等的安全管理标准，以及其他管理标准。

3. 应用标准

针对各类业务系统的应用类专用标准，主要包含消防应急通信标准、消防指挥决策标准、消防救援物联网标准、消防设施物联网远程监控标准、消防综合信息系统标准。

消防应急通信标准用于规范应急通信体系、应急通信装备、应急通信平台等方面的标准。已发布实施的标准有 4 项，如《消防话音通信组网管理平台》GB 28440—2012、《消防员单兵通信系统通用技术要求》XF 1086—2013 等。正在制定的标准有 2 项，分别是《消防卫星通信系统 第 3 部分：分中心站》《消防卫星通信系统 第 4 部分：车载式卫星站》。

近年来应急管理部消防救援局推动全国消防救援队伍开展了城市重大灾害事故和地质性灾害事故救援应急通信系统建设（简称两大通信系统）和消防对讲机统型工作。因此，相关的标准也正在开展研究和编制工作中，如《城市重大灾害事故和地质性灾害事故救援应急通信系统 第 1 部分：通用技术要求》《消防用无线数字对讲设备》等。另外，在消防救援队伍应用广泛，且应用效果良好，能够满足应急通信保障需求的无线专网通信装备也需要开展标准研究，如"消防 LTE 专网通信设备技术要求""消防自组网通信设备技术要求"等。

消防指挥决策标准用于规范消防接警受理、指挥调度、辅助决策、数字化预案等指挥作战系统相关标准。已发布实施的标准有《移动消防指挥中心通用技术要求》GB 25113—2010、《火警受理系统》GB 16281—2010、《火场通信控制台》XF/T 875—2010、《火警受理联动控制装置》GB/T 38254—2019。随着消防救援队伍的职责向"全灾种""大应急"方向转变，消防指挥决策系统建设会有相应调整，为满足相关系统的标准化要求，后续应将开展消防实战指挥平台通用技术要求、灭火救援数字化预案通用设计要求、消防移动指挥终端等标准研究。

消防救援物联网标准用于规范消防救援作战中涉及作战人员、装备、物资等作战力量和现场灾情态势的物联网系统的标准。目前已完成消防车辆动态信息管理系统系列标准的报批工作。应急管理部正在推进全域覆盖感知网络建设，后续需在消防装备、消防单兵、装备器材管理等灭火救援现场应用开展大量标准化研究；尚需制定消防员定位系统技术要求、消防装备物联网通用技术要求、消防装备物资智能管理系统技术要求、消防员单兵生命体征监测系统技术要求等标准。

消防设施物联网远程监控标准用于规范支撑城市消防设施远程监控系统。从 2011 年 6 部分的系列国家标准《城市消防设施远程监控系统》GB 26875 发布实施以来，通过不断完善，现在标准已经发展为 8 部分，涵盖了感知、传输、应用等各部分，标准在物联网建设中发挥了重要作用，曾于 2016 年获得国家标准创新贡献二等奖。为了进一步完善消防远程监控物联网标准，现已批准立项标准《城市消防远程监控系统 第 1 部分：通用技术要求》。同时批准修订《用户信息传输装置》《受理软件功能要求》及《信息管理软件功能要求》等标准。后续需在消防设施状态监测装置接口、消火栓系统状态信息采集装置、系统安全技术要求、消防排烟系统信息采集装置、消防视频监控系统采集装置等方面开展标准化研究。

消防综合信息系统标准用于规范支撑消防业务、智能综合分析等业务系统的标准。已发布实施《消防公共服务平台技术规范 第 1 部分：总体架构及功能要求》GA/T 1038.1—2012、《消防公共服务平台技术规范 第 2 部分：服务管理接口》GA/T 1038.2—2012、《消防公共服务平台技术规范 第 3 部分：信息交换接口》GA/T 1038.3—2012、《消防基础数据平台接口规范》GA/T 1036—2012。后续需在消防危险源监管及预警系统、消防视频监控实时智能分析设备、消防产品生命周期管理系统要求等方面开展标准化研究。

4.3 智慧消防技术支撑保障机制

4.3.1 运维保障

为保障智慧消防相关信息化系统稳定运行，应建立集智能化、可视化、标准化为一体的运维保障体系，做到实时监控、问题预警、及时处理，具备"监、管、控、营、服"服务保障能力，全方位支撑智慧消防系统安全、稳定运行。智能运维利用人工智能技术，将一系列智能模型和策略融入运维管理中，延展为"以机器管理机器"，提升运维效率，实现"无人值守"的智能化运维目标。为各类资源的治理、调度、配置和运行提供保障，完善相关工作机制，实现关键指标可视、安全风险可控、业务和数据可管、责任主体清晰、异常事件及时处置的一体化运行安全保障体系。

1. 运维服务团队

针对智慧消防系统特点，建设专业、高效、可靠的运维团队，明确运维机构职责、岗位职责及网络优化、数据服务、系统架构、安全管理等各类专业人才的构成比例，保证各类业务系统的高可用性和可靠性。明确各项工作中的岗位设置和职责分工，并按照相应岗位的要求配备所需不同专业、不同层次的人员，明确岗位职责和网络优化、数据资源、系统架构、安全管理等各类专业人才的构成比例，组成专业分工的高效协作的运维队伍。

2. 运维保障制度

在运维保障制度体系一化方面，建立统一的信息系统运维管理标准体系，具备完备的规章制度和管理办法，以保障运维工作开展的一致性，增强信息系统运维管理的统一性。

为确保运维服务工作正常、有序、高效、协调地进行，在总结现有运维管理经验的基础上，参考业界最佳实践和相关标准（COBIT、ITIL、ISO 27001），建立了系统、完整的运维管理制度。管理制度对各类运维操作均规定了标准操作程序，建立了运维巡检机制、运维故障级别划分机制、系统和数据备份机制，有力地支撑了运维工作规范、可控、有序的开展。结合目前的实际情况，统一制定了运维管理制度和规范。

根据管理内容相关标准要求建立管理制度体系，制度体系内容涵盖运行管理组织、资产管理、运行管理、安全管理、系统风险管理、日常维护、检查与考核等类别。另外为实现运维服务工作流程的规范化和标准化，还制定了流程规范，确定各流程中的岗位设置、职责分工以及流程执行过程中的相关约束。

3. 运维服务标准

根据业务类型，划分服务等级，确立服务标准。服务等级协议（SLA）规定的网络服务等级依据面向的业务和服务环节不同，分为客户服务等级和业务保障等级。客户服务等级是在系统建立前后网络服务过程中，面向不同等级客户提供不同的服务内容和服务标准。业务保障等级是结合客户服务等级和业务重要程度，面向业务提供分级的质量性能指标和分级的业务保障手段的依据。业务保障等级的主要内容包括业务恢复时限、电路可用率、故障重复发生率、主动监控、网络保护、网络预案和网络巡检等内容。业务保障等级主要依客户服务等级和客户业务的重要程度，分为若干级别。

4. 应急处理机制

建立应急处理机制的组织保障，根据运维团队的建设，设置运维服务台、一线驻场服务工程师、二线技术支持工程师（包括网络工程师、系统工程师、应用工程师、安全工程师等）、三线技术专家及厂商保障团队等四级响应体系，按照响应级别设立了相同的响应和值守制度，同时设置 7×24h 值守的运维呼叫中心。根据不同的事故等级，建立完整的应急响应预案，并定期进行模拟演练。

按照突发事故严重性和紧急程度，突发事故可以分为重大、严重、一般、轻微等级别事故，每个等级制定相应等级的预案。按照事件类别可分为基础设施与环境风险、网络安全风险、系统安全风险、应用安全风险、数据安全风险等。

建立完善的应急响应与上报机制，建立值班主任应急处置体系，在应急事件发生后，按照应急预案要求，确定事故等级，上报相应等级的应急事件主管领导，组建应急响应小组，由责任人、协调人、专家组等成员组成，第一时间响应事故处理。应急响应小组负责指挥与协调，应对应急事件，同时根据事故的等级，可配备网络、基础设施、安全、数据、系统、应用等方面的专家参与应急处理，必要时可以联系第三方等外部技术团队，负责支持进行影响评估、损失弥补方案等工作，执行相应的应急处置。

应急处置后，寻找事故发生原因，进行事故损失评估，制定修复方案。根据事故原因，修复相应问题，杜绝后续问题复现。根据修复方案，进行事故修复，降低事故损失。

5. 运行监测与管控平台

在运维监控集中集约化方面，运行监测与管控平台能实现综合管控信息系统运行状态，对各个数据中心机房动力、环境、主流厂商网络设备、存储设备、服务器、中间件、操作系统、数据库、虚拟化、容器和关键应用系统运行状态的集中展示、分级管理。

在运维服务智能化方面，采用研发运维与人工智能运维技术，实现运维服务精细化管理、系统自动化部署与运维服务优化；能对日常维护管理、故障管理、变更管理和应急预案管理等进行全方位监控。建立自动化智能运维管理作业平台，集成资产信息自动发现、自动化部署、故障定位、批量变更、资产管理、智能决策等功能，实现对信息资产可管可控，对物理机一站式批量部署，对操作系统和虚拟化平台自动化部署、对应用系统组建批量部署、对系统账号权限一键管理、简单频繁的常规故障自愈操作。

建立自动化巡检体系，定期对负载、流量、网络以及硬件设备状态巡检，并生成巡检报告。发现异常后，立即通知值班人员并及时触发对应的自动化恢复机制。建立系统容灾切换机制，结合系统监控和逻辑判断实现智能化切换，减少宕机时间。

4.3.2 安全保障

采用体系化设计方法，构建覆盖安全基础支撑、物理和环境安全、通信和网络安全、设备和计算安全、应用和数据安全等层级的技术保障体系，制定网络安全管理制度和网络安全标准规范，建立安全运营服务平台，实现应急管理网络空间各类移动终端、车载终端、桌面终端等的动态认证接入和动态授权访问。

1. 物理环境安全

按照网络安全等级保护中物理和环境安全要求，构建物理和环境安全策略，从物理访问控制、机房环境安全、电磁防护等方面进行机房的物理和环境安全建设。

物理访问控制方面，在机房出入口设置门禁等安保措施，从物理访问上加强对机房的管理。对机房划分区域进行管理，区域和区域之间设置物理隔离装置。机房环境安全方面，从机房物理位置选择、机房环境防雷、防火、防水、防潮、温湿度控制和电力供应等方面，对机房加强安全防护。电磁防护方面，线缆铺设要求电源线和通信线缆隔离铺设，避免互相干扰，对关键设备和磁介质实施电磁屏蔽。对感知节点设备、移动接入节点设备、云平台设备的物理和环境安全建设，重点考虑物理位置、电磁环境、云平台服务商选择等因素。

2. 网络环境安全

从安全接入、边界防护、核心防护等多个层次，采取蜜罐、接入认证、访问控制、链路加密等通信网络安全措施，构建重点防护、流量审计、智能研判、快速响应和有效阻断的网络边界纵深防御系统。将外网服务和内部业务网络进行必要的隔离，避免网络结构信息外泄。同时对外网的服务请求进行过滤，异常请求应在服务器主机外拒绝。

3. 应用和数据安全

从业务应用系统的需求、设计、研发、测试、整改到上线运行的全生命周期，应用安全均同步进行。采用统一身份认证和授权管理技术，为智慧消防信息系统的监督管理、监测预警提供统一的安全认证入口和细粒度的资源访问控制机制。通过建立应用软件开发、应用系统和 Web 服务等的发布审核机制，实现安全审查、合规授权、安全监管等功能。

用户身份安全采用数字证书、指纹、人脸识别等技术提升应用安全认证防护级别，对同一用户采用两种或两种以上组合的技术实现用户身份认证，在使用过程中不定期进行动态身份认证，及时发现异常使用人员。深入分析用户的访问模式，对可疑访问进行确认和阻断。

根据应用系统需求设定不同角色，依据最小权限原则，采用动态授权方式对访问应用系统、应用功能、数据、服务接口的权限进行细粒度控制和动态调整，对敏感信息资源设置安全标记，并控制用户对有安全标记信息资源的访问，保障应用资源访问的安全可控。采用双向认证、业务隔离、防篡改、漏洞扫描等技术，对漏洞攻击、SQL 注入、恶意代码攻击等行为和安全威胁进行防护和阻断，保障应用系统可靠运行。设计应用安全审计策略，加强对终端的访问行为、用户的操作行为的完整性规范记录，对审计记录进行保护，定期备份，避免受到未预期的删除、修改或覆盖等。采用在线 Web 攻击智能识别、大规模网络访问日志的关联分析、黑客行为模式的特征收集等技术，以实时保护智慧消防系统的安全。

数据安全应以其价值为驱动，以国产密码技术为支撑，以零信任为出发点，采用微隔离、身份认证、最小权限等手段构建数据安全共享交换体系，提供覆盖数据采集、传输、存储、使用、共享和销毁等全生命周期的安全保护。按照等级保护四级的技术要求进行安全防护。采用数据源认证、终端访问控制等机制，保障数据采集安全；构建数据分级分类防护体系，采用数据加密和数据脱密技术，建立数字化标识安全管理机制，统一数据资源流通管理。构建数据提供方、使用方、服务方、监管部门共同参与的数据共享安全生态，提高数据治理和数据开放利用效率，确保数据来源可溯、访问可控、操作可查和责任可追。

4. 安全管理机制

建立专业安全管理机制和工作团队，强化日常管理和人员培训。制定安全管理组织机构及人员的管理制度，建立信息基础设施保护、安全审查、安全测评和风险评估等制度，形成由安全策略、安全机构、操作规程、管理制度等构成的全面的安全管理机制。制定完善的审批流程机制，涉及生产环境的操作，必须填写相关申请，经负责人确认备案后方可实施。

4.4　智慧消防技术评价体系

通过智慧消防技术评价可以引导和指导在建的智慧消防项目，使其明确智慧消防发展的目标和方向。可以发掘智慧消防建设过程中存在的问题，使消防各信息系统及子系统的规划、设计和建设更趋合理和优化。此外，还可以使政府、投资方等通过评价结果了解消防灭火救援的能力，对城市的发展决策进行支持。

4.4.1　智慧消防技术评价内容

智慧消防评价方法和指标体系是由一套科学的评价指标和配套测算方法所构成的有机系统，是对智慧消防建设成果和发展水平进行量化和对比的重要工具，对于指导和促进智慧消防发展具有十分重要的意义。评价指标主要反映智慧消防五个方面的特征，即全面感知、监督管理、监测预警、灭火救援和辅助决策。

1. 全面感知

统一建立消防安全感知系统，将省市级平台的数据统一接入汇总，形成全国范围的消防安全信息感知及监测；针对各类第三方消防安全信息化综合平台、单位既有消防安全信息系统、单位各类硬件设备等按类别接入汇总，形成区域范围的消防安全信息感知及监测。全面感知平台通过设施设备接口及系统软件接口，接入以下内容：

（1）社会单位火灾自动报警系统。能够接入社会单位已建的火灾自动报警系统，监测报警设备、联动设备等的状态参数。

（2）消防资源体系。在传统监测火灾自动报警系统的运行状态及故障、报警信号基础上，通过多种感知和数据采集技术，能够对各类消防设施和器材的状态进行实时监测。利用图像模式识别技术对火光及燃烧烟雾进行图像分析报警。监测室内消火栓和自动喷淋系统水压、高位消防水箱和消防水池水位、消防供水管道阀门启闭状态、防火门开关状态，利用单位视频监控系统监控安全出口和疏散通道、消防控制室值班情况。接入电气火灾监控系统或装置，实时监测漏电电流、线缆温度等情况。

（3）新建消防安全物联网设备。利用公网通信以及 NB-IoT、LoRa 等低功耗广域网，能够自由接入新建的各类物联传感器，实现对火灾、漏电、用电发热、燃气、消防水源水压等全方位远程监控预警、警情多级推送以及消防设施状态监控管理。

（4）第三方消防安全信息化综合平台。在第三方消防安全信息化综合平台已接入单位既有系统及设备的基础上，将综合平台接入，以获取各类系统设备状态信息。

消防安全感知系统采用模块化、服务化、网络化的技术体系结构，将消防采集子系统及基础设备设施抽象为统一的资源，经过服务集成平台的统一封装、调度与管理，提供给上层业务应用。最终由第三方消防安全信息综合平台统一汇集至消防安全云服务平台。

2. 监督管理

建立消防监督、高危领域监督管理、行业安全生产监督管理、行业安全生产执法、安全生产综合管理、安全生产巡查与考核等功能模块。其中消防监督功能模块实现采集监管企业的消防监管信息、评估安全风险、识别安全隐患，进行消防监督管理。高危领域监督管理功能模块采集高危领域企业安全管理信息、监督管理信息，评估安全风险、识别安全隐患，支持安全监督管理部门采用网上巡查、随机抽查、分级分类监管、重点监管督查等方式，进行高危领域监督管理。行业安全生产监督管理功能模块采集行业部门安全生产管理信息，评估各行业部门落实法律法规、中央规定的监管职责情况，提出行业部门监督建议，综合监管部门进行行业部门监督。行业安全生产执法功能模块采集各级安全生产监管部门提供的执法数据，实现对安全生产执法过程进行精确督察的目标。安全生产综合管理功能模块能够接入各行业领域安全生产信息，进行监测数据的预处理、规范化处理、信息提取，实现各行业领域的综合监督管理。安全生产巡查与考核功能模块采用随机抽查、网上巡查、定期审核等方式对高风险区域、重点监管对象进行监管督查。

3. 监测预警

建立灾害综合监测预警功能模块，提供自然灾害综合监测预警、多灾种和灾害链综合监测预警功能。灾害综合监测预警功能模块面向地震、地质灾害、水旱灾害、森林草原火灾等进行综合监测和预警，通过传感器等多种手段，实时监测自然灾害态势，分析给出各致灾因素组成、互相影响以及发展趋势，及时判断多灾种并发趋势和影响，对衍生灾害链进行综合监测。支持推动高危行业企业、重点防火单位等建立与消防救援部门连通的安全生产风险监测预警系统。

4. 灭火救援

实现消防救援的"事前""事中"和"事后"分阶段需求功能，事前方面，结合消防安全社会云服务平台基础数据支撑，对城市和密集区按照网格进行划分，同时采集区域及密集场所基础数据，结合历年采集的火警数据深度分析，有效地评估火灾概率及分布区域。事中方面，即火灾报警实时和统计数据，结合交通、公安、医疗和环保等部门监控数据，为现场指挥救援提供支撑保障。事后方面，根据火灾救援现场的数据、图片和影像资料，对灭火救援战斗的基本情况以及相关数据进行调查核实，形成格式规范的战评资料，主要包括火灾发生、火灾发展、火警受理、力量调集、现场决策、力量部署、灭火救援行动等数据，并对战评资料进行分析与点评，便于对战斗各环节进行绩效评价，根据绩效评价结果，对战斗各环节进行修正，形成具有参考意义的资料，存入档案。

5. 辅助决策

结合人工智能、大数据、物联网等技术，全面感知灾害现场灾情信息、消防装备物资、作战力量等信息，加强多灾种和灾害链综合监测，根据灾情变化与态势，精准推送历史案例、动态数字化预案等灾情处置决策辅助信息，优化现场作战力量编成，建设以跨领域、跨层级指挥协同为核心，支持多源信息快速调取、可视化融合展现、态势标绘、数据挖掘分析、灾害评估预测、作战力量调派、行动路线规划、战术战法推演、作战方案智能编成等多种手段的智能化消防指挥决策功能。

4.4.2 智慧消防技术评价指标的选取

智慧消防评价指标的选取主要考虑典型性、可比性、客观性以及易采集性等因素。

典型性：选取的指标要能代表所评价对象和评价点的发展水平，当存在多个相关指标时，选择其中最典型的指标。

可比性：所选指标应该尽量具有普适性，而且指标在城市之间以及城市消防救援数据不同历史阶段之间应该是可以比较的。

客观性：指标的选择尽量以客观量化指标为主，对于确实无法找到客观指标且存在评价的必要性时，才选择主观性指标。

易采集性：选取的指标应该尽量容易统计、容易获取，以降低评价的难度。

4.5 智慧消防技术生态体系

4.5.1 产业驱动

随着智慧消防由概念进入实践，逐渐走向成熟，智慧消防企业都在进行版图扩张，投入研发力量，开发新的产品和技术解决方案，市场竞争日益激烈。智能时代催生消防新生态，这是一个良性的变化，可以很好地促进消防企业的发展，同时也能促进技术解决方案的加速落地。这一变化背后的原因，主要分为三点：

（1）消防建设需求日趋精细化、深度化，这就要求产业链中各个层级的厂商产品的个性化程度需大幅度提升。

（2）消防行业分工从边界清晰到边界模糊，百度等互联网企业、华为等物联网企业、三大运营商等通信企业，还有一些新兴技术企业纷纷争相入局智慧消防。

（3）目前消防企业总体来说还是设备供应商，但因为用户要求的提升、行业规模的扩大、企业本身的发展等因素，必将要求企业从设备供应商向"设备供应商＋服务商＋运营商"发展，这个变化也是要求企业建立生态圈的重要因素。

智慧消防的建设，必须联合产业链上下游各领域，通过构建政、产、学、研、资、用的合作平台，共同出谋划策，这也是智慧消防成功的重要基础。

4.5.2 创新驱动

智慧消防涉及很多层面和环节，尤其是在加快建设数字中国时代背景下，需要打造生态圈，需要实现产业互联，需要在系统建设与服务模式上共同创新，从市场需求出发，促进城市公共安全建设转型发展，开展服务消防的智慧化应用，加强消防的协调工作能力，提高消防救援队伍的核心战斗力，进而提高居民生活的安全感和幸福感，创造平安和谐的生活环境。

在技术方面，牢固确立创新驱动理念，把大数据应用技术与消防工作高度融合起来，把科技应用和机制创新紧密结合起来，用现代科技最新成果推动消防工作改革、破解消防安全风险防控难题，实现消防安全治理体系和能力现代化。

第 5 章　智慧消防技术实用案例

自从智慧消防的概念被提出以来，消防领域研究者与从业者都投入了巨大的精力来推进以物联网、云计算、大数据等为代表的智慧消防新技术的革新与应用，我国消防事业的信息化、智能化程度得到了显著提升，消防工作效率也越来越高。本章结合智慧消防的具体实用案例来分析智慧消防技术的应用特点与价值。

5.1　消防安全社会化服务云平台系统

基于物联网、大数据与云计算技术，构建综合性的消防安全社会化监控与服务信息平台，是应急管理部沈阳消防研究所于"十三五"期间研发的智慧消防实用性系统。

该系统提出了高性能消防安全社会化服务云平台的构建方法，汇集了城市消防远程监控系统、隐患排查、网格化管理、消防安全教育、消防安全评估、风险预测等数据，综合社会单位防火巡查巡检、消防设施管理、消防维保服务、火灾隐患判定整改、灭火疏散预案管理、消防宣传教育等多种因素火灾风险定量评价技术，有效解决了社会个人、单位以及消防部门的快速可靠信息交互难题，实现了全时段、可视化监测消防设施状态，实时化、智能化评估消防安全风险，差异化、精准化消防安全监督，为公众、社会单位、消防主管部门、政府等提供一站式、综合性消防安全管理服务。消防安全社会化服务云平台是国内面向消防安全问题首次提出的系统化、综合性的服务云平台，是利用智慧消防新技术解决消防实际问题的典型案例。消防安全社会化服务云平台系统的总体结构框架见第 3 章图 3.4.7 所示，主要包括火灾隐患社会化整治信息子系统、多因素综合风险评估消防安全管理子系统以及面向消防安全服务的云平台系统。

5.1.1　火灾隐患社会化整治信息子系统

火灾隐患社会化整治信息子系统是基于物联网和移动互联技术将个人、网格员、社会单位以及消防部门等多方面力量纳入火灾隐患整治流程中，构建完备的火灾隐患排查与举报机制，并针对具体火灾隐患问题建立快速有效的处理流程，形成自下而上和自上而下两条线，对消防隐患进行综合整治。子系统搭建覆盖全国的火灾隐患社会化信息平台，实现"前台统一受理、后台社会化协同"的实时在线业务处理模式，为构建消防安全社会化服务云平台提供有力的数据保障。火灾隐患社会化信息平台以互联网和物联网技术为核心，采用 B/S 结构或者 C/S 结构，搭建常态化的火灾隐患排查机制，以社会单位火灾隐患排查、防火监督部门火灾隐患核查为主线，开发基于多媒体的移动互联网火灾隐患社会化整治信息系统，对火灾隐患的排查、举报、受理、核实、督办、整改、公布进行全流程精细化管理。实现火灾隐患在举报、核实、排查等环节的社会化协同，社会单位隐患发现能力定量评价，以及社会化任务的自动调度等功能。火灾隐患社会化整治信息子系统的主要应用功能见表 5.1.1。

表 5.1.1 火灾隐患社会化整治信息子系统主要应用功能

主要功能	描述
个人举报火灾隐患	个人通过提交图片和隐患描述向消防部门反映企业的火灾隐患问题
查看火灾隐患处理进度	个人可在首页和隐患详情页中查看当前火灾隐患的处理进度
查看消防部门的审查情况	个人可在火灾隐患中查看消防部门对于该火灾隐患的审查
处理火灾隐患	消防部门根据举报的隐患问题去核查实际情况并提交核查结果
查看火灾隐患问题	消防部门可在首页及火灾详情中查看提交的火灾隐患
处理企业的整改	消防部门可针对企业提交的整改提出审查意见决定隐患是否解除
查看消防部门制定整改的火灾隐患	企业可通过客户端查看消防部门制定整改的火灾隐患
申请复查火灾隐患	企业整改完成后可申请消防部门对此问题进行复查

为了实现子系统的功能，在设计手持终端平台时，针对个人用户、消防部门用户、社会单位用户以及消防网格化管理员开设了不同的模块与功能，方便各类不同用户进行火灾隐患的排查与举报，也方便系统进行社会化大数据的统计与分析。同时，系统采用满足架构约束条件和原则的 RESTful 的接口设计风格，实现了客户端和服务器之间的高效信息交互，也满足了客户端可以缓存数据进行改进的需求。火灾隐患社会化整治信息子系统的手持终端平台 App 界面和排查功能实现情况如图 5.1.1 所示。

5.1.2 火灾风险综合评估子系统

为了向云服务平台提供全流程、准确的火灾隐患信息，系统设计了火灾风险综合评估子系统，基于多元线性回归算法和基于多层次统计评价的社会单位消防风险评估模型的多因素综合风险评估算法模型，构建了涵盖消防设施、单位履责、隐患、建筑物、维保检查、所属行业等信息组成的多层次火灾风险评价方法，该成果是利用大数据与机器学习方法解决消防实际问题的应用范例。

根据前期业务需求及数据调研，火灾风险综合评估子系统主要功能是对汇集的各类消防业务数据进行挖掘、分析和展示，通过创建的模型算法对基础数据进行规则运算，形成社会单位风险得分，发现主要的火灾风险隐患，指导社会单位进行隐患整改，方便监管部门进行监督管理。

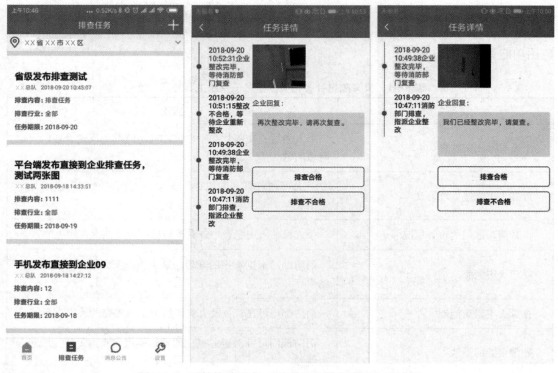

图 5.1.1 手持终端平台 App 界面和排查功能实现情况

系统主要功能包括数据展示、算法分析、报警接收、报警处置、系统管理等。数据展示主要是对接入的各类社会数据，按照社会单位、消防设施、单位履责等维度进行统计展示，按照每日、每月、季度、年度等维度统计设备报警、故障数量；算法分析主要根据接入单位的行业性质，依据相关国家法律法规，制定合理的评分标准，计算社会单位火灾风险得分，展现单位、区域需重点关注的火灾隐患；报警接收，系统实时接收设备的报警信息，按照用户权限，弹窗提示相关用户进行处置；报警处置，根据系统设计流程，用户系统内接收到报警信息后，第一时间到现场进行检查确认，确认后在平台填报处理过程；系统管理主要是对用户、权限、服务、日志进行管理，实现用户的新增、删除、启用、停用，权限的授予、回收，采集用户的登录、操作记录等日志信息，对外接口服务的注册、启用、停用等功能。

图 5.1.2 消防安全管理系统应用首页

子系统首先设计了社会单位防火巡查功能，利用云平台大数据实现社会单位火灾情况的监控机制。登录系统 App 后首先进入应用首页（见图 5.1.2），单位安全管理人可查看巡查抽查完成情况、今日火警情况、今日预警情况、今日异常情况，查看支队公告、查看火警消息处理流程和确认知情火警消息通知，查看工作统计月完成率（包括安全培训统计、应急演练统计和维保情况统计），右上角提供 App 二维码下载、扫一扫、使用反馈、帮助文档的快捷入口。社会单位负责人利用 App 可以快速准确获知消防安全的相关信息与资料（见图 5.1.3），还可以利用二维码扫描功能识别消防设备二维码，显示消防设备的详细信息。

图 5.1.3　消防安全管理系统社会单位巡查功能界面

在此基础上，子系统以采集数据（物联网感知、火灾报警监控系统、视频监控、监控记录以及联网单位）为基础，分析总结城市范围内社会单位的消防隐患，并以 GIS 标识图的形式在 App 界面上进行展示，同时不同社会单位的消防隐患情况还以列表形式在 GIS 地图旁边标识，而某个单位具体数据与信息则以下拉表的形式列明（见图 5.1.4），充分做到了相关数据的翔实与准确，确保消防隐患通报的及时性与明确性，社会单位消防隐患预警界面如图 5.1.5 所示。

为了保障消防安全管理平台数据采集、社会单位巡查、消防设备维护等一系列功能的有效性，该子系统还专门针对后台服务端进行了研究与设计，构建了系统的后台管理平台，通过对客户端使用数据情况的监管与协调，实现消防档案的建立及多因素风险评估机制的数据统计。系统后台服务端可以查看客户端添加的维保情况信息、客户消防隐患情况、显示客户端添加的维保情况列表以及维保信息详情，同时还能实现对客户相关信息的添加与删除。系统后台服务端的设计界面如图 5.1.6 所示。

图 5.1.4　社会单位消防隐患地图展示界面

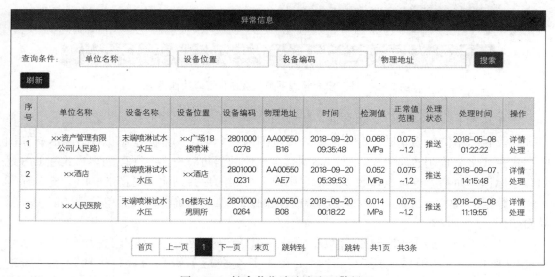

图 5.1.5　社会单位消防隐患预警界面

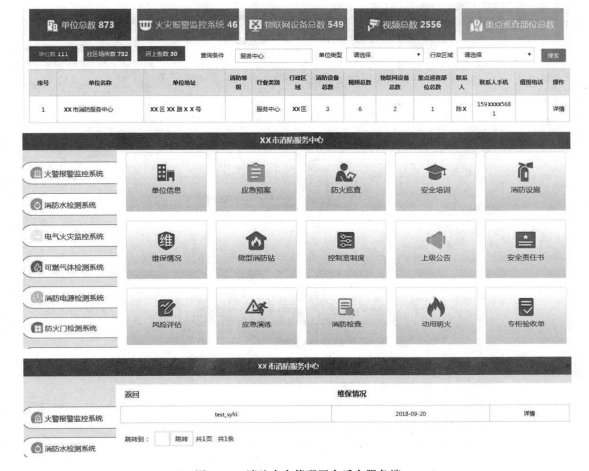

图 5.1.6　消防安全管理平台后台服务端

最后，根据风险评估算法模型的分析计算，子系统对各单位进行了风险评估打分，在本页面对各单位风险情况进行展示。系统基于所属行业、消防设施、单位履责、其他隐患、建筑物、维保检查这六个维度数据设定多因素风险评分标准，按照医院、学校、商场、养老院等行业对单位进行归集，查看本行业各单位的得分排名情况，点击单位，可查看单位的得分明细，了解单位的扣分项，展示各风险因素的优推事项和关注事项，了解风险分布，指导单位或主管部门重点关注并及时处置。多因素风险评估系统的单位打分界面如图 5.1.7 所示，社会单位的相关信息及消防评价分数都可以清晰地展现在界面上。目前系统已接入的各类数据持续更新，并不断扩大接入范围，在海量数据的基础上，不断丰富和完善模型算法，为风险评估计算提供更精准的数据支撑。

5.1.3　消防安全社会化服务云平台

消防安全社会化服务云平台是与后端数据中心互联互通，综合运用物联网、云计算、大数据等先进技术，实现按需分配计算、存储、网络、应用等资源的云计算平台，与现有

（a）参评社会单位分布情况

（b）某参评单位详细信息界面

（c）某参评社会单位得分界面

图 5.1.7 基于多因素评价机制的单位消防评分平台

的消防信息系统无缝对接。通过物联网收集联网单位的火灾数据信息，并存储在数据中心，消防安全化社会服务云平台关联数据中心，利用大数据统计与分析技术进行消防监控和管理信息服务，对现有数据资源进行深度挖掘应用，寻找潜在规律、提前预判风险、优化警力配置、精准调度指挥。消防安全社会化服务云平台采用分层管理机制，建立了系统化的结构体系，保障平台的稳定有效运行。

消防安全社会化服务云平台由基础设施层、数据层、平台服务层、应用层以及用户层五个部分构成。基础设施层包括服务器、存储、网络等物理设备。数据层建立合理的网络拓扑结构，接入多模态的消防大数据（物联网数据、一体化数据、车载数据、地图数据以及其他部门数据），进而通过整合处理构建数据库，建立数据监控中心保存系统分析数据和日志数据。基础平台服务层包括基础设施服务、平台服务、数据服务、运维管理、安全监控和标准框架等内容，通过资源复用技术，在服务器硬件、存储、网络上构建统一的虚拟化层，实现资源的聚合及针对虚拟资源的动态管理，汇聚整合数据资源，统一提供数据服务，同时提供基于云平台的各种安全防护管理监控和运维管理，建立云服务接口标准和消防安全社会化服务信息系统通用技术框架，构建一个安全可控且面向海量数据的计算、整合与存储的云服务体系。应用层主要包括消防设施管理、维修保养、隐患排查、安全追溯、安全评估、风险预测、警情通知等内容。通过建立多种应用的数据模型，对消防安全社会化服务云平台汇集的海量数据进行大数据分析，为消防安全社会化服务提供支持。用户可以通过桌面 PC 端、移动终端进行应用访问。用户层包括消防用户、社会单位用户、社会大众用户、微型消防站用户、政府用户。消防安全社会化服务云平台具备以下功能特性：

（1）依赖消防中心为联网单位提供实时报警信息和历史分析数据，该数据中心收集了全国住宅建筑、高层建筑、"九小场所"等不同联网单位的消防数据，具备强大的计算、数据备份和容灾能力。

（2）提供 24 小时、365 天全天候监测消防设施的数据，大屏模式显示。地图屏提供全面的位置信息，业务屏显示警情信息、数据统计分析信息等内容，双屏关联互通，相辅相成。

（3）采集、整合、处理和加工相关数据，对接风险评估系统，消除网络壁垒。利用大数据技术、人工智能对数据价值信息挖掘评估，推动决策机制从"业务驱动"向"数据预测"转变，管理机制从"死看死守"向"预知预警"转变，管理机制从"经验主义"向"科学决策、智能调度"转变。

（4）采集重点单位、消防设施信息、报警信息等数据，实施统一远程监管；基于地图直观展现，实现对重点单位、危险隐患有效的动态监管督导，并通过分级防控，为火灾执法监督、防控等工作提供依据，实现实战指挥科学化、智能化。

云平台基于 Hadoop 在数据存储、资源管理、作业调度、性能优化、系统高可用性和安全性方面的优势进行设计开发，打造可靠的基础和安全的数据保护。云平台的运营管理使用 Python 语言开发，便于跨平台，可移植性高，混合能力强。由数据和功能组合构建起来的云平台，结合 Python 语言的优势，能更加有效地进行管理和运营。

在此基础上，云服务平台对接后端消防数据中心的实时数据信息和历史数据信息，在对搜集整合的数据进行分析的基础上，得出行业安全评级对比、区域安全评级对比、隐患及事故发生规律等内容，为消防监管、灭火救援等提供决策性依据。图 5.1.8 展示了消防安全社会化服务云平台基于数据建立的全国火灾数据统计分析情况。

图 5.1.8　全国火灾数据统计分析可视化展现

图 5.1.9 显示了消防安全社会化服务云平台建立的实时报警可视化平台的功能，该平台能够显示实时报警待处理数、今日共接收报警数，并详细显示报警单位名称、位置和报警类型等信息。

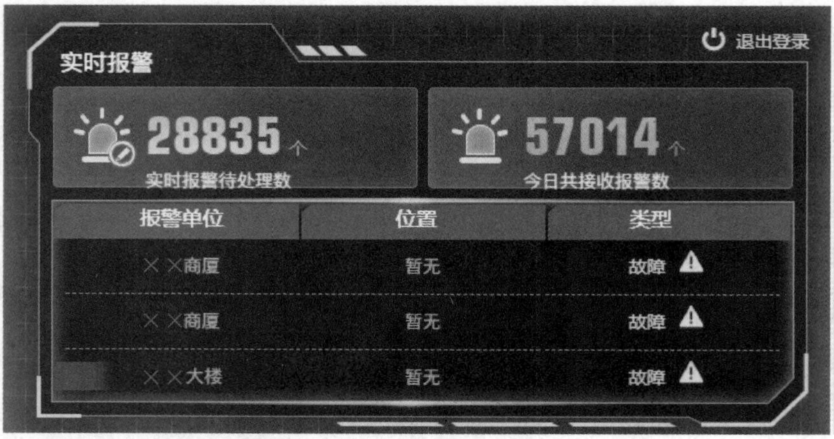

图 5.1.9　实时报警可视化展现

消防安全社会化服务云平台还构建了全国范围的消防安全管理地图，实现了联网单位的接入和可视化表达。全国联网单位接入包括省、市、监控中心、联网单位数量。效果如图 5.1.10 所示。点击后与地图进行联动，平台可以显示全国符合条件的全部联网单位所在省份、城市、联网单位，点击可进入某一省份、城市查看当前层级符合条件的所有联网单位，点击可以查看详细信息（见图 5.1.11）。

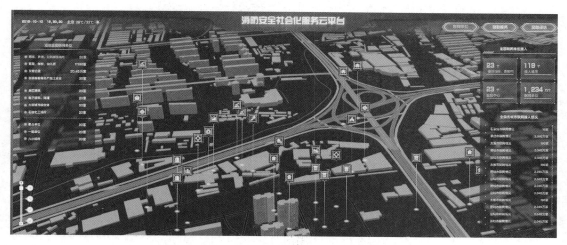

图 5.1.10　社会单位联网接入状态可视化展现

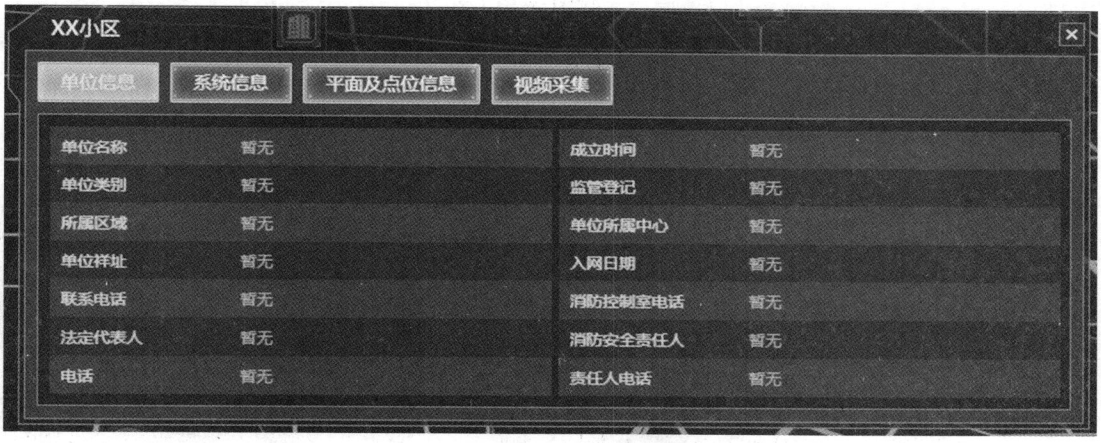

图 5.1.11　联网单位详细信息可视化展现

5.2　火灾救援现场信息采集与辅助决策系统

　　针对火灾救援现场信息采集与指挥决策系统存在的问题，研发保障消防员安全与救援顺利开展的灭火救援现场信息采集与辅助决策系统，是应急管理部沈阳消防研究所于"十三五"期间研发的智慧消防实用性系统。

　　该系统包括面向火灾救援需求的灭火救援现场装备物资状态信息采集子系统、消防战斗员状态信息采集子系统以及可视化救援综合信息指挥决策平台。系统在"智慧消防"理念引领下，利用多传感器融合、现场组网通信等信息化技术，准确获取现场环境信息、车辆、装备、物资、人员的动态信息，为现场灭火救援态势推演提供真实有效的数据支撑，确保消防救援指挥决策的科学性、合理性。

5.2.1 救援装备物资状态信息采集系统

灭火救援现场装备信息动态采集子系统是基于 RFID 技术设计消防车辆动态信息采集装置，并结合消防车辆数据（基础数据、实时数据）研究内外网数据流向技术，进而开发消防车辆动态信息管理系统。

灭火救援现场装备信息动态采集系统针对消防车的底盘信息、上装信息、车载装备器材信息、随车战斗人员信息、气象信息、有害气体以及车辆状态等信息，突破消防车辆结构复杂，屏蔽严重的物联困境，应用无线低功耗广域物联技术和融合通信技术，以多传感融合的物联网关和移动物联车载云屏为基础，建立一个以消防车辆为中心的数字化、精细化的灭火救援前移中心，并带动与灭火救援相关资源联动，提升现场消防作战实力。

子系统的硬件设备由电子屏、组合式电子标签、上装采集模块、OBD（车载自动诊断系统）采集模块组成，实现了车载装备物资的监测管理、装备物资的智能化调派和装备物资的科学研判。系统利用车载数据采集装置和各类物联网传感器作为前端数据采集设备，采用可配置的方式对车辆及各类设备的数据进行加载和监控。在非战时，系统应用可以帮助消防救援人员实时检查车辆状态，切实提高队伍车辆装备技术保障能力，及时消除"病患"，提升战斗力。现场救援时，通过采集获取车辆性能指标及实时运行状况（如转速、油量、水温等性能指标）等，保障现场及后方指挥人员在第一时间掌握消防车的动态信息，有力提升指挥员现场指挥决策能力，提高消防队伍战斗力。子系统拓扑结构如图 5.2.1 所示。

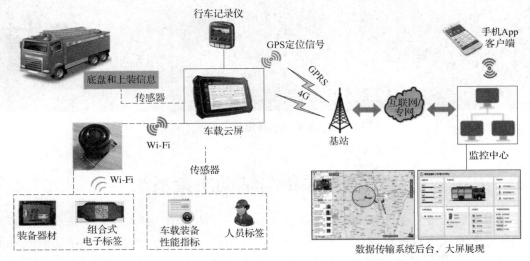

图 5.2.1　灭火救援现场装备信息动态采集系统拓扑结构

灭火救援现场装备信息动态采集系统采集的所有实时数据有两种展现方式，一是在现场通过车载监管终端进行可视化展现，二是在救援信息监控中心通过消防车辆动态信息管理系统在平板、手机等终端呈现。

车载监管终端可以通过车载软件实现，通过点选不同的标签项，查看不同的信息，消防车上的消防战斗人员还可以通过车载平板的可视化操作界面，随时调取、查看本车实时的状态数据、车载人员信息以及车载灭火救援装备情况，同时还可以借助车载系统了解消防车的地理位置信息和行驶路径。图 5.2.2 展示了消防车底盘与上装的监控信息结果，图 5.2.3 展现了消防车车载人员的信息情况，图 5.2.4 展现了消防车车载装备信息，图 5.2.5 显示了消防车定位与行驶路径情况。

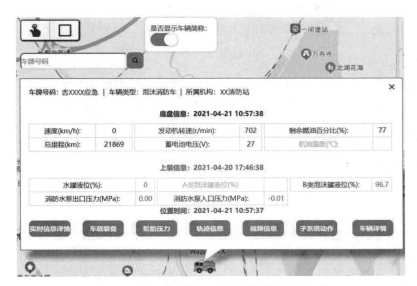

图 5.2.2 消防车辆底盘与上装监控信息结果示意图

图 5.2.3 消防车车载人员信息情况示意图

车牌号码	所属总队	所属支队	所属大队	所属队站	车载装备名称	数量	采集方式类型
苏××××应急	××总队	××支队	××大队	××消防站	通信救生安全绳(班用安全绳)	1	无
苏××××应急	××总队	××支队	××大队	××消防站	液压千斤顶	1	无
苏××××应急	××总队	××支队	××大队	××消防站	集水器($Q \leqslant 60$)	1	无
苏××××应急	××总队	××支队	××大队	××消防站	分水器($Q \leqslant 60$)	1	无
苏××××应急	××总队	××支队	××大队	××消防站	滤水器	1	无

图 5.2.4 消防车车载装备器材信息监控列表示意图

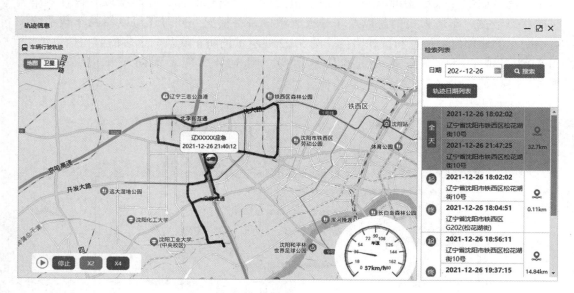

图 5.2.5 消防车定位与行驶路径示意图

同时，消防车辆动态信息管理系统通过浏览器客户端的形式提供所有状态数据最直观的可视化展现，提供所有的业务管理操作功能，通过建立警情档案，建立警情与消防车辆及与车辆有关的所有参数信息的关联关系，并基于警情或者消防车辆提供丰富的查询统计分析功能。图 5.2.6 和图 5.2.7 分别为指挥中心建立的消防车车载装备器材使用信息监控界面和随车战斗人员监控界面。

车载装备器材监控	车载状态监控	视频监控	出车单管理	调度指令管理	地图监控	警情补录	车辆上下线查询	警情分析

	车辆底盘信息	车辆上装信息	车辆当前状态	设备使用状态	消防人员状态	标签漏光状态	标签电量状态
按警情	资产编号			设备名称		使用状态	使用归还时间
在线车辆列表	80003101			空气呼吸器1		未使用	2013-11-11 08:30:49
警情	80003102			空气呼吸器2		未使用	2013-11-11 08:30:49
未指定警情车辆	80003103			空气呼吸器3		未使用	2013-11-11 08:30:49
粤xxxx应急	80003104			空气呼吸器4		未使用	2013-11-11 08:30:49
粤xxxx应急	80003105			空气呼吸器5		未使用	2013-11-11 08:30:49
	80003106			空气呼吸器5		未使用	2013-11-11 08:30:49
	80003107			空气呼吸器7		未使用	2013-11-11 08:30:49

图 5.2.6 消防车车载装备器材使用信息监控界面

车载装备器材监控	车载状态监控	视频监控	出车单管理	调度指令管理	地图监控	警情补录	车辆上下线查询	警情分析

	车辆底盘信息	车辆上装信息	车辆当前状态	设备使用状态	消防人员状态	标签漏光状态	标签电量状态
按警情	人员编号			人员名称		状态	使用归还时间
在线车辆列表				战斗员1		待命	2013-11-11 08:30:49
警情				战斗员2		待命	2013-11-11 08:30:49
未指定警情车辆				战斗员3		待命	2013-11-11 08:30:49
粤xxxx应急							
粤xxxx应急							

图 5.2.7 随车战斗人员信息监控界面

子系统还可以通过车载 GPS 终端，实时获取车辆的 GPS 定位信息。同时，利用地图信息资源，可在在线或者离线模式下实现灾害地点定位、消防车定位及车辆轨迹回放功能。

5.2.2 消防战斗员状态信息采集装置

为保障火灾救援现场消防员生命安全，系统开发了消防员状态信息管理系统，针对人体不同运动状态，研究自适应生命体征信息采集技术，并开发了基于 LED 光源的心率采集装置。同时，研究低成本轻便型惯导设备，构建了能够实现目标室内自主定位的消防员精确定位装置。在此基础上，开发了针对消防员与基层指挥员的信息移动 App 软件。

进行集合定位和生命体征检测的消防员状态信息采集装置是消防员状态信息采集子系统的主体，针对消防员在灭火救援现场的实际工作需求，对消防员状态信息采集装置进行了功能层面的设计与研究，构建了能够实现消防员实时准确位置信息与生命体征信息采集的传感装备以及保障通信顺畅的自组织通信模块。消防员状态信息采集装置设计的总体框架如图 5.2.8 所示。

图 5.2.8　消防员状态信息采集装置设计总体框架

消防员定位信息与消防员生命体征信息采集采用统一处理和集中通信传输的方式进行集成化设计开发。研究成果突出装置的小型化和可穿戴特性。消防员状态信息采集装置功能如图 5.2.9 所示。

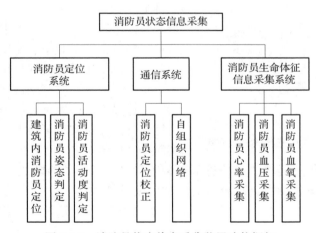

图 5.2.9　消防员状态信息采集装置功能框架

消防员定位将采用低成本惯性传感器，基于惯导和航迹推测技术，开发消防员定位传感器，实现消防员轨迹跟踪，并采用边走边部署的方式，由消防员在灭火救援现场的复杂建筑内部署微型自组织通信模块，形成自组织网络。一方面利用微型自组织通信模块的无线信号修正消防定位信息，另一方面实现低带宽、低发送频率数据的无线通信，解决复杂建筑内消防员状态信息的通信传输问题。

1. 消防战斗员定位装置的研究与设计

基于惯导的消防战斗员定位系统组成包括惯性姿态传感器、单兵定位终端、BLE 通信模块、定位信息显示终端与数据库。惯性姿态传感器用于采集脚部姿态、脚部三维角速度和三维加速度，用以计算人体运动步幅、人体运动方向以及识别运动步态；数传电台用于单兵定位终端与定位信息显示终端之间的无线数据通信，通信数据主要包括消防战斗员定位信息、步态信息、遇险报警信息、通信心跳信息等；数据库用于存储被监测单位建筑结构信息、被监测单位二维、三维场景信息、消防战斗员静态信息（姓名、所属单位、年龄、血型、药物过敏史等）、消防战斗员定位信息、消防战斗员步态信息、消防战斗员遇险报警信息等；定位信息显示终端用于现场显示消防战斗员定位、姿态信息以及被监测单位建筑场景信息。

在针对多种佩戴方案分析的基础上，系统选择设计了鞋垫式惯导定位系统，定位系统惯性传感器的设置方式如图 5.2.10 所示。

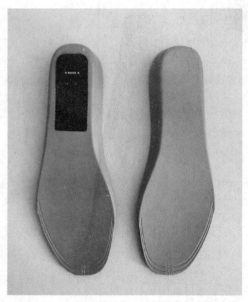

图 5.2.10　定位系统惯性传感器的设置方式

这种佩戴模式的主要优点是：有利于精确计算人体运动步伐距离，以提高定位精度；有利于获得人体下肢的运动姿态信息，便于分析消防战斗员姿态和遇险可能；有利于识别消防战斗员上下楼、平路走等步态，便于对消防战斗员垂直高度定位；有利于降低软件硬件系统复杂度和定位系统成本。

2. 消防员生命体征信息采集装置的研究

为了携带方便且检测信息准确，针对消防员的生命体征监测设计研发了基于多 LED 光学组件的生命体征传感器，以手环方式佩戴于消防员小臂或手腕，基于传感器采集的光电容积脉搏波信号检测消防员心率、血压、血氧信息；还设计了基于电子压力表的呼吸状态采集装置，通过采集空气呼吸器实时气压数据，识别消防员呼吸状态。通过心率检测手环和呼吸状态采集装置的研究与开发真正实现了对消防员生命体征信息的实时准确采集。

（1）基于光电传感器的心率信息采集装置设计。目前，穿戴式心率采集传感器主要有压电传感器和光电传感器，综合考虑穿戴的便携性以及测量信号的质量手腕部位是最优选择。系统选用的基于光电传感器的心率感知智能手环实现了心率信息采集功能（见图 5.2.11）。

基于光电传感器的心率信息采集装置具体功能与特点包括：

1）准确性：可准确测量人体的心跳频率、运动状态等生命体征参数。

2）抗干扰性：在火场环境和运动状态下均不应影响测量的准确性、精度，具有防尘、防水、防震性能。

3）易用性：传感器的使用不应影响消防员的正常活动，操作简单。

4）低功耗：传感器具有较低功耗和自供电能力，持续工作时间不低于 5 小时。

5）便携性：传感器体积适中、轻便、佩戴舒适。

6）传输接口：传感器具有 BLE（蓝牙低功耗）通信功能，并有稳定的数据传输能力。

（2）基于电子压力表的呼吸状态采集装置设计。基于电子压力表采集空气呼吸器实时气压数据，主要是利用压力表通过表内的敏感元件（波登管、膜盒、波纹管）的弹性形变，再由表内机芯的转换机构将压力形变传导至指针，引起指针转动来显示压力，系统集成后的空气呼吸器如图 5.2.12 所示。

图 5.2.11　基于光电传感器的心率感知智能手环

图 5.2.12　集成压力表后的空气呼吸器

（3）有害气体信息采集设备设计。针对灭火救援现场空气环境对消防战斗员生命安全的严重威胁，系统选用了便携式有害气体信息无线采集设备，对一氧化碳、硫化氢、甲烷以及可挥发性有机物等有害或易燃易爆气体浓度信息进行及时准确地采集。同时，基于 BLE 实现了优化气体采集设备与消防战斗员和指挥员 App 的信息互联，能够实时将便携式有害气体采集设备采集到的信息传送给消防战斗员及指挥员的终端设备，便于消防战斗员和指挥员针对特殊空气状况采取必要措施。为了便于消防战斗员携带，有害气体采集设备与前面提到的惯导定位系统、生命体征采集模块一样，也进行了设备的整合与封装。有害气体采集模块的安装方式如图 5.2.13 所示。

5.2.3　可视化救援综合信息指挥决策平台

基于消防车辆动态信息采集装置与消防员状态信息管理系统所采集的相关信息，结合对建筑对象、消防资源、灾难现象和场景以及战术战法的建模与仿真，系统设计了灭火救援综合信息指挥决策平台，在资源可视化（战斗力量、车辆、器材、物资、消防设施等）、预案可视化（作战意图标绘、调度方案等）、现场可视化（现场消防资源、可用资源、环境信息等）方面开展研究，解决灭火救援现场各类资源信息和局部事件的宏观化、可视化展现难题。

灭火救援现场各类信息通过无线通信网络汇聚到数据中心，经过信息分发子系统的处理送达各业务处理子系统，此类信息是动态信息的主要来源。而静态信息主要包括人员、建筑等基础数据。综合动态信息显示作为指挥决策业务应用功能的一个组成部分，用于展现现场综合态势信息。为了更好地支持面向用户的信息展现，原始接入的各类信息必须经

（a）采集设备   （b）安装方式

图 5.2.13   便携式有害气体采集设备及安装方式

过基本的信息分类、用户需求识别等综合信息处理，形成综合信息元素，并由信息展现模块以合适的方式予以显示。

1. 可视化平台的功能

可视化平台是灭火救援综合信息指挥决策系统的重要组成部分，是灭火救援行动实现快速有效指挥的必要保障。可视化平台直观、以数据为中心的特点也为灭火救援工作的顺利展开提供了有力的支持。可视化平台主要功能可以总结为以下几点：

（1）构建灭火救援综合信息指挥决策平台，实时汇聚现场环境、车辆、装备、器材以及人员等状态信息，研究现场大量实时数据集中接收与分类共享技术，实现数据交互的可视化展示。

（2）开发灭火救援现场环境监测智能预警模块，实现现场环境数据信息实时监测，建立环境参数变化模型，结合实时数据信息推演环境变化规律，在可视化界面上提前预警重大环境险情。

（3）开发灭火救援现场装备器材实时监测模块，实现对现场车辆、装备、器材等状态信息实时监测；开发消防员状态实时监测模块，实现对参战消防官兵的室内三维定位信息以及心跳等生命体征数据的实时监测与可视化展示。

（4）开展灭火救援现场各类关键信息的数据模型研究，开展灾害现场综合信息与态势的层级式可视化展现、数字化预案资源调用等关键技术研究，开发基于空间展示的多维度现场信息可视化指挥决策平台，可视化展示灭火救援现场的态势。

2. 可视化平台的任务

针对可视化平台功能需求，其任务可以分解为以下几个方面：

（1）集成互联网实时地理信息数据（二维），以"一张图"方式展现整体信息及现场进展。

（2）定制各类实时上报信息传输通信协议，以"车载信息上传通信协议"为模板，接收信息类型包含现场环境、车辆、装备、器材以及人员等状态信息。

（3）现场环境信息内容以上报内容为准，需实现预警功能（即检测出现场某种气体的浓度达到一定限值时，需报警），信息显示以表格方式展现，不显示时隐藏。

（4）车辆信息以定位信息为基础，以图标形式展现在地图上，点选某一辆车能够弹出表格显示当前车辆的各类信息（底盘、上装等信息），并有现场所有车辆的综合信息展示功能，展现方式为表格方式。

（5）装备、器材以及人员信息能够以图标展示的可以采用图标展示，点选以表格方式展现所有信息，并有现场所有装备、器材以及人员的综合信息展示功能，展现方式为表格方式；如不能以图标方式展现，则可以以表格方式展现。

（6）集成调用数字化预案功能，数字化预案格式待定。

3. 可视化平台的表达界面

指挥决策系统可视化平台功能是在图形操作功能的基础上实现的，主要有图形的无级缩放功能、地图漫游功能、多比例尺地图显示等功能（如图 5.2.14 所示）。在此基础上，平台建立了消防战斗员信息可视化表达界面，主要包括消防战斗员生命体征的可视化及数据分析、消防战斗员位置和轨迹的可视化及分析。

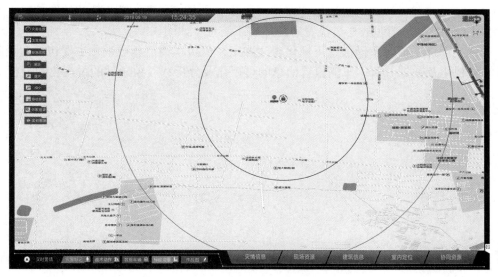

图 5.2.14　GIS 可视化环境地图的构建

（1）生命体征数据的采集与监测。通过数据连接组件获取远程数据库中的消防战斗员生命体征数据，实现生命体征数据的自动记录，数据变化图表等功能，一旦发现异常，给出告警信息。

（2）生命体征数据分析模块。通过对监测数据的综合分析，形成心率、血压、活动度分析报告，为现场医务保障消防战斗员诊断和消防战斗员、管理部门掌握消防战斗员体征数据提供依据（如图 5.2.15 所示）。

通过对消防战斗员长期生命体征信息和短时体征信息的比对分析，在消防战斗员出现意外时，形成数据图供体系医院专家使用，实时获取监测对象的生理参数，以便实现监护救治与健康指导。

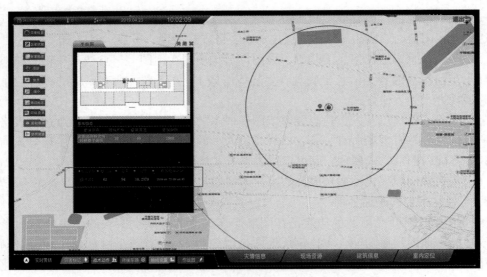

图 5.2.15　生命体征数据和定位信息的可视化呈现

（3）定位监控模块。通过数据连接组件同步／异步获取消防战斗员的位置信息，并在 GIS 地图上实时显示消防战斗员位置和身体姿态信息（如图 5.2.15 所示）。

平台还设计了消防车辆信息可视化表达方案，消防车辆信息可视化主要包括车辆状态信息的可视化及数据分析、车辆位置信息的可视化及分析和气象条件的可视化及分析。

第6章　智慧消防技术发展趋势

正如前面论述的，智慧消防是物联网、大数据、人工智能等高新技术手段发展所带来的消防领域的一次技术革新。面对日益复杂的消防灭火救援和消防安全管理需求，智慧消防在技术创新与发展的道路上也是不可以有一刻停息的，应该不断紧跟最新技术的发展趋势，设计开发更具有技术优势和实用性的智慧消防产品。

6.1　物联感知技术

6.1.1　消防员室内定位感知

目前，惯导定位、信标点定位等都存在一定应用难题。其中，惯导定位存在累计误差大、建筑结构图难以获取、定位初始化操作烦琐等问题，难以满足消防救援队伍实战应用的需求。信标点定位主要采用蓝牙信标、有源 RFID 信标、Wi-Fi 信标等方案，信标点定位需要预先在建筑内进行安装部署，而且需要长期的维护保证各处信标完好，消防无力承担安装、维护任务，所以此方案只能适用于大型商场、医院、写字楼等场所，其他场所难以满足要求。

未来消防员室内定位应该向两个方向发展，一是要突破室内定位与建图传感器难题。单兵携带传感器进行室内定位的方案，必须将浓烟、高湿、高热情况下实时建筑内结构建图问题（SLAM）与消防员室内定位相结合，同时解决定位和实时获取建筑结构图两项难题。目前传感器无法满足要求，激光雷达无法在浓烟环境下工作；毫米波雷达扫描频率和线束太少也难以实现实时建图要求。二是要突破信标点节点自定位技术难题，提高信标点定位方案整体的抗毁性。信标点定位方案在火灾、坍塌、大面积停电情况下应用时，一旦信标点大范围损坏，位置因为坍塌发生位移情况，将会导致定位系统整体失效，无法实现室内定位。

6.1.2　危化品场所感知

未来危化品种类、浓度感知主要向六个方向发展。

（1）目前，危化品种类、浓度感知的监测系统通过布线方式实现数据采集和传输，该方式存在危化品探测传感器节点可移动性差、组网技术复杂，容易瘫痪等问题，应构建一种集中结构灵活、组网简单快捷、监测数据可靠传输的危化品浓度无线监测系统。

（2）目前，危险化学品侦检装备均为近距离接触式测量，在事故现场侦检过程中危化品可能对侦检人员造成伤害。因此，需要发展非接触气体侦检技术装备，使消防员可以在安全范围内实现对危化品的侦检，从而保证消防员人身安全。

（3）危化品事故中浓度测量一般根据检测特定的危化品，采用电化学、半导体、催化燃烧、红外吸收、光学干涉、气相色谱、离子迁移谱、拉曼光谱等多种不同原理的侦检设备，在复杂火灾现场感知效率低，辨识度差，感知效率低，应提升侦检器材装备核心技术和恶劣工况下的高适用性、高精准性。

（4）危化品侦检数据无法及时传输出来，应建立远程监控一体化系统技术装备，在为消防员提供个人防护的同时，兼顾区域监测功能，为现场指挥员和远程指挥中心研判决策指挥，提供数据支撑。

（5）危化品事故中危化品浓度检测由侦检人员进行，未来应有无人机、机器人等消防灭火救援无人装备代替侦检人员进行浓度测量。

（6）危化品侦检装备器材的实战效能、侦检装备器材的校验、使用处于空白，应使用相应的消防侦检装备器材进行实战效能检验以及开展侦检实战化模拟训练，提高危化品事故救援的科学性、安全性。

6.1.3　卫星感知

近年来大范围的火灾、地震灾害频繁发生，而针对大范围区域的监控感知与数据互联技术尚缺乏应对这类灾害的有效技术手段。同时，地面网络设备容易受到灾害影响而失去通信功能进而导致地面通信网络瘫痪。随着5G和我国航空航天事业的迅猛发展，以通信卫星为主体的空间信息网络迅猛发展。空间信息网络具有地面通信网络所不具有的特点，如覆盖面积广，通信距离远等，因此能够成为未来进行灾难预警与救援的重要技术支持手段。

同时，卫星感知技术还可以利用5G异构网络技术与地面已有的物联网系统融合，建立天地一体化感知网络，将卫星网络和地面网络的优点相结合，实现针对火灾、地震等复杂灾难场景的远距离大范围持续监控与近距离实时感知相结合，构建多维立体化感知与数据交互模式。而地面物联网系统也可以利用卫星的通信资源实现多地域的可靠通信，建立协同感知的全新技术方案。

6.2　通信网络技术

6.2.1　消防无线通信网络

通信是消防指挥的中枢神经系统，在消防救援现场，由于情况错综复杂、瞬息万变，上下级之间、前后方之间通信链路的主要手段以无线通信为主，因此无线通信网络的畅通与否直接关系到消防救援任务的成败。而各类重大灾害往往会导致断网、断路、断电等情况，暴雨、暴雪等极端天气也会导致卫星通信失效问题，森林、大型建筑等特殊环境对无线通信也会造成比较大的影响。面对这些问题，需要在无线通信模式上取得突破。首先要建设专用的消防无线通信系统，将卫星通信、自组织局域网技术、无人机系统、自主移动机器人通信系统相结合，通过资源整合建立分布式、动态化的接入－跳出模式，实现"天地一体、固移结合、无缝衔接"的无线通信网络体系。具体地说：

（1）加强数字集群通信系统的发展，解决目前存在的频率利用率低、保密性差、抗干扰能力弱等问题，同常规模拟通信系统相比，可以提供更多的信道，支持更多的通话组，满足消防通信三级组网的需求。

（2）进一步拓展卫星通信系统的效能，加大消防救援队伍"动中通"和"静中通"移动指挥车的配备，保证常规通信手段失效的情况下的应急通信保障能力。

（3）充分利用分布式自组织网络和移动网络系统，建立快速、可重构的动态无线网络系统，利用"多跳"的传输形式解决森林、复杂建筑物等结构对无线信号产生的衰减问题，满足消防通信对距离和带宽的需求。

（4）发展数字化、智能化的消防无线通信网，用物联网、云计算、大数据、移动互联网等新兴网络技术，加快推进智慧消防建设，全面促进消防无线通信网络与灭火救援工作的深度融合，构建立体化、全覆盖的社会火灾防控体系，全面提升消防救援队伍灭火救援能力和水平。

6.2.2 救援现场双向实时宽带通信

消防救援现场的通信对瞬时吞吐量和通信稳定性的要求特别高，因此，基于 5G 技术的全双向通信技术是解决这个问题的重中之重。消防员或救援机器人集群的通信既要可靠稳定又不得干扰外部的通信，因此可以利用多功率调制的多输入 – 输出天线（MIMO）建立双向无线通信链路，MIMO 技术可以保障多路信息快速稳定交互，而多功率调制技术既可以实现现场集群的可靠通信，又能限制现场集群通信信号对外部整体通信的干扰。而灾难现场预先布置的无线宽带网络一般不会支持对于应急响应人员而言任务关键的语音服务，而消防员目前已经背负很多的设备，他们不再想为任务关键语音和任务关键数据背负任何独立的设备。因而，支持任务关键语音和任务关键数据的主要通信设备的演进是重要的研究议程。因此，基于陆地移动（LMR）无线电设备，开发提供语音和数据实时传输业务的智能设备成为消防救援现场 P2P 通信的重点问题，以支持消防员之间以及消防员与指挥中心之间的可靠的语音和数据通信。LMR 无线电设备作为一种汇聚性单一装置，能够支持多无线电、接入和网络技术，进而可以在智能设备上开发基于开放式应用程序的智能计算模型，从而将设备变成容纳 Apps 的高性能容器。

多个消防员或救援机器人同时作业时，他们需要与包括事件应急指挥部在内的网络进行连接。为此，指挥部可以建立一个动态化的战术性通信网络，该网络使得指挥人员能够与其所负责的应急响应人员进行通信。战术网络可以依靠无线传感器网络、自组织局域网等基础网络设施建立依靠"多跳"形式的可靠数据传输方案。多个消防员或机器人组成集群时，需要建立分布式网络体系结构以满足多个节点公平地接入与跳出，并建立以数据为中心的通信模式。应急指挥中心负责这些网络的规划、建设和维护，从而达到这些网络能够在高度压力的大规模紧急事件发生期间保持运行。至于个人局域网络技术，安全且无干扰的通信应当是一个高优先级别的研究项目。干扰可以通过采用智能无线电和国家频谱数据库注册等方式解决。安全的通信要求安全钥匙管理，因此智能消防的安全信息问题应当属于一个较高的研究优先级别。

6.3 数据活化及支撑服务

6.3.1 建筑内部结构信息获取

灭火救援数字化预案中，需要快速建立建筑物内场景，并能给出场景的道路情况。而构建建筑物室内场景需要将建筑物内各种结构、物体转化为计算机中的三维模型，建筑内部结构建模的主要发展趋势包括以下几种：

（1）针对已有建筑图纸，利用建模软件直接建模，常用的建模软件包括 Auto CAD、Maya 等。这种方法主要可以用于建筑静态场景的构建，对于消防救援应用中可能存在的障碍物或结构变化则无能为力。

（2）基于扫描点云进行结构建模。该建模方法需要借助仪器获得点云数据，其中具有代表性的是激光扫描法。激光扫描法主要利用激光仪器对场景进行扫描获取场景数据，通过处理这些数据得到场景信息，进行场景建模。在实际应用中，可以利用三维激光测量系统用来快速获取场景三维数据，基于激光数据和二维图像，实现了室内场景的重构。激光扫描法可以得到物体表面的精确信息，但是其成本较高，往往需要借助专业设备来完成，对于某些特殊的场景无法应用。

（3）基于语法及规则的过程式建模方法。在此建模方法中，先定义了一些语法或规则，利用这些规则为建模算法添加不同参数，通过算法建模。过程式建模常用在有重复特征的场景中，如典型建筑的结构建模，消防设施布置等问题的建模等。

（4）基于视频图像的建模。该建模方法是从视频图像中提取有用信息进行分析，进行物体的建模，按照信息的分类可以分为多种建模方法，如基于轮廓建模、基于明暗度建模、基于特征点建模等。而基于视频图像的室内场景 SLAM 是实现建筑结构快速识别的有效方法。

6.3.2　三维全景地图生成

目前，在大型石化场所、堰塞湖等重大灾害事故救援现场，消防领域主要采用互联网地图作为指挥底图。然而，由于互联网地图的更新频率低，分辨率低（最大分辨率 5 米）等问题，地图的精细程度达不到指挥作战的要求，且指挥员在指挥救援时往往出现互联网指挥底图与实际救援现场情形不符的问题，故急需一种可靠的工具能够快速构建救援现场的全景地图，为应急救援提供灾害现场指挥底图，辅助指挥员指挥决策。随着无人机自动图像采集技术和基于位置信息的图像处理拼接技术的成熟，未来灭火救援现场将采用无人机采集图像构建指挥底图，实时生成高分辨率指挥底图，用于灭火救援实战，为指挥救援提供支撑。当前由于构建三维全景地图的计算量巨大，往往不能实时构建三维全景地图，未来实时三维全景地图的构建与使用将是发展趋势。

6.3.3　大数据分析

大数据技术将为各类消防应用提供分析决策支撑。在火灾预防方面，对区域、行业火灾风险进行综合评估，从传统的运动式治理、人海战术检查变为主动发现、超前预警、精准执法。在灭火与应急救援方面，根据灾情动态演变同步推送灾情处置决策辅助信息和相关救援案例，全面提升指挥决策效率。机器学习和数据挖掘技术可以提供准确高效的事件预测预警和情报研判分析。大数据分析和人工智能可以寻找出风险、隐患以及火情等信息之间的相关性和关联关系，有利于更加科学地开展火灾防控工作。

6.3.4　消防知识图谱

由于物联网、云计算等先进技术的引入，智慧消防构建了远比传统消防技术大得多的数据库平台，获取了超海量的大数据信息。这为实现消防安全的社会化全方面管理奠定了坚实的基础，但同时也对大数据的分析与使用技术提出了全新的挑战。传统的数据挖掘与分析技术在处理能力与分析手段上都难以满足大数据体系的要求，而基于知识内容的智能化搜索引擎可以为合理利用消防大数据提供了全新的技术实现手段。

知识图谱是一种结构化的语义知识库，用于以符号形式描述物理世界中的概念及其相互关系。其基本组成单位是"实体—关系—实体"三元组，以及实体及其相关属性—值对，实体间通过关系相互联结，构成网状的知识结构。知识图谱可以建立多元化的语义网络模型，从而实现对特定实体的高维度语义表达。在这个基础上，利用卷积神经网络、自编码技术等深度学习算法可以构建更为准确和全面的实体语义层次表达模型，从而对特定实体的数据给予充分的利用。知识图谱与深度学习相结合的知识挖掘技术完全能够适应消防安全大数据的应用需求。因而，消防知识图谱的构建是未来智慧消防发展的一个重要研究方向。

6.3.5　数字孪生

由于传感技术与物联网技术的发展，以及智慧消防的高性能设备运行环境的动态变化，消防安全监测数据量倍增，并呈现高速、多源异构、易变等典型的大数据特点。然而，现有的针对传统连续系统或离散事件系统的建模方法都是在已知理想运行状态下的监测数据驱动的，难以满足复杂的消防安全应用对实时状态评估与预测的精度及适应性需求。而数字孪生技术出现以来已经迅速发展，为解决上述问题提供了全新的思路。

数字孪生指在信息化平台内建立、模拟一个物理实体、流程或者系统。借助于数字孪生，可以在信息化平台上了解物理实体的状态，并对物理实体里面预定义的接口元件进行控制。数字孪生是物联网技术发展的新的技术增长点，它通过集成物理反馈数据，辅以人工智能、机器学习和软件分析，在信息化平台内建立一个数字化模拟。这个模拟会根据反馈，随着物理实体的变化而自动做出相应的变化。数字孪生可以根据多重的反馈源数据进行自我学习，几乎实时地在数字世界里呈现物理实体的真实状况，并能够根据海量信息反馈，进行迅速深度学习和精确模拟。

目前，针对消防救援和社会化管理问题的主流建模方法是在特定领域进行模型开发和熟化，然后在后期采用集成和数据融合的方法将来自不同领域的独立的模型融合为一个综合的系统级模型，但这种融合方法融合深度不够且缺乏合理解释，限制了对来自不同领域的模型进行深度融合的能力。而基于数字孪生的多领域融合建模的方法对物理系统进行跨领域融合建模，且从最初的概念设计阶段开始实施，从深层次的机理层面进行融合设计理解和建模，使系统方程具有很大的自由度，同时传感器采集的数据要求与实际系统数据高度一致，从而实现了基于高精度传感测量的模型动态更新。

6.4　智能化装备

6.4.1　数字化消防单兵装备

数字化消防单兵装备的研发，未来发展方向主要集中在三个方面，即基于材料学的单兵可穿戴传感装置、针对消防员个人生命体征信息的采集以及环境信息的采集。

在单兵可穿戴传感装置研发方面，一个重要的发展目标就是基于耦合方式（传感器融合感知）实现可穿戴的复合型传感器系统的研发。耦合方式的传感器系统在环境表征方面明显比独立的与解耦的传感器测量更为有效。因此，通过由材料科学因素驱动的新测量协议的开发制定，再加上采用先进快速的建模算法把现有传感器与新型传感器系统进行系统化耦合，能够极大地推动可穿戴传感器系统的进步。单兵可穿戴传感装置发展的另一个方向就是基于感知纤维技术实现电子纺织品研究的突破。电子纺织品技术是利用微电子器件的集成能力把电子元件与纺织技术相结合，制作可穿戴的电源、实现信号分配的导电背板以及集中式天线，其优势是在保证元器件功能的前提下，实现相关设备装置保持纺织品的整体灵活性和较轻的重量，因而具有极强的应用价值。目前，采用电子纺织品技术已经可以开发出具有压力、温度以及光线感知能力的电子纤维或受控制的终端；在未来，针对消防员可穿戴传感装置的具体需求，完全可以开发出可以提供化学物类检测或者解决一系列与身体及环境感测相关的问题的电子纤维产品。

消防员生命体征感知的发展方向是针对生理代谢特征进行感知与分析。美国航空航天管理局（NASA）开发的便携式代谢分析装置（PUMA）就是通过测量氧气分压、二氧化碳分压、容积流动速率、心率、气压及温度这六个成分来评价生理代谢功能，并根据这些测量数值综合评价装置携带者的实时身体情况。目前，还有基于高性能的微型机电传感器系统（MEMS）芯片来实现某些生理代谢功能指标监测任务的应用研究。这些设备可以利用一次性微型针阵列来对皮下间质流体进行取样操作，在芯片上，化学阵列提供针对大量生理代谢指标的访问，主要包括血氧水平、电解液水平及乳酸盐水平和可以作为针对疲劳、认知状态、氧化不足及重伤等有用指标的参量。这些研究都为消防员生命体征感知装置的研究提供了明确的方向。

在消防员单兵环境感知方面，各类目标检测的传感器都得到了应用。其中，对于消防救援应用最有价值的是热成像摄像机（TIC）技术。TIC 技术未来可用于各种火灾救援作业，如消防员对火源和火势的定位、灾难中被困人员定位以及消防员对火灾蔓延趋势的信息采集与预估等问题。目前制约热成像摄像机（TIC）技术在消防救援中进行应用的瓶颈问题是热成像摄像机的体积和重量都偏大，不易随身携带和使用。因而，未来需要在热成像传感器的小型化、微型化方面寻求突破。

6.4.2 无人装备

随着无人装备运用范围越来越广泛，成体系建设和运用无人装备已成趋势，运用无人装备，发展和完善智能集群技术，提高无人装备之间的自主配合能力，形成无人装备自有的"战术意识"。探索建立更加符合未来需求的新型指挥架构，探索一人多机、多机自主协同的行动方式，应用在辅助救援、灾情监控、灾情侦查中。无人装备利用高通过性、高智能、集群互助的优点，解决例如森林、高山、楼梯、水域、坍塌废墟等复杂场合难以通行救援的问题。装备的操控逐步向半自主过渡，最终实现完全的自主控制。

无人装备主要展现形式包括无人机、水域救援装置和机器人。无人机需要解决自身的续航能力、确保通信系统稳定性、提升载重能力、避障技术等问题。水域救援装置需要解决水下图像采集清晰度、水底复杂环境通过性、通信稳定性等问题。消防机器人能够利用环境感知实现智能避障、路径规划，完成物质搬运、协助震后搜索与营救、协同灭火作战等工作。

参 考 文 献

［1］曹盛华.关于"智慧消防"建设与发展的探讨［J］.数字化用户，2017，23（29）：154-155.

［2］陈鹏.5G：关键技术与系统演进［M］.北京：机械工业出版社，2015.

［3］程超，黄晓家，谢水波，等.智慧城市与智慧消防的发展与未来［J］.消防科学与技术，2018，37（6）：841-844.

［4］程学旗，靳小龙，王元卓，等.大数据系统和分析技术综述［J］.软件学报，2014，25（9）：1889-1908.

［5］邓志明.基于物联网的智慧消防服务云平台［J］.江西化工，2017（3）：225-227.

［6］方巍，郑玉，徐江.大数据：概念、技术及应用研究综述［J］.南京信息工程大学学报（自然科学版），2014，6（5）：405-419.

［7］傅一平.容器简史：从1979到现在［J］.计算机与网络，2020，46（6）：39-41.

［8］管文超.基于Docker的智慧消防云平台构建及其典型应用的研究［D］.上海：华东理工大学，2018.

［9］何南南.多传感器信息融合技术在火灾探测中的应用［D］.西安：长安大学，2012.

［10］景博，张劼，孙勇.智能网络传感器与无线传感器网络［M］.北京：国防工业出版社，2011：229-232.

［11］黎承.浅论城市消防远程监控系统的实践应用与发展对策［J］.中国公共安全（学术版），2011（3）：134-137.

［12］李国杰，程学旗.大数据研究：未来科技及经济社会发展的重大战略领域：大数据的研究现状与科学思考［J］.中国科学院院刊，2012，27（6）：647-657.

［13］李路鹏，熊尚坤，王庆扬.5G技术展望［C］//中国通信学会无线及移动通信委员会.2013全国无线及移动通信学术大会论文集（上）.北京：人民邮电出版社，2013：23-25.

［14］李朋飞.物联网在消防领域的应用发展及问题［J］.电子技术与软件工程，2020（5）：13-15.

［15］李强.从业务应用和数据应用的关系把握当前消防信息化建设［J］.武警学院学报，2018，34（6）：82-85.

［16］李远森.基于GIS的智慧火警调度指挥中的关键技术应用与研究［D］.天津：天津大学，2018.

［17］厉保军.基于GIS的城市消防导航信息系统研究［D］.西安：西安科技大学，2010.

［18］林天扬. 基于 BIM 的可视化消防设备信息监管研究［D］. 北京：北京建筑大学，2016.

［19］刘文艳，秦晔. 人工智能技术、消防物联网在消防安全管理中的应用［J］. 消防界（电子版），2020，6（10）：39-40.

［20］刘筱璐，王文青. 美国智慧消防发展现状概述［J］. 科技通报，2017，33（5）：232-235.

［21］刘鑫. 面向智慧消防的物联网云平台系统设计［D］. 杭州：浙江大学，2020.

［22］罗云芳. 基于物联网的城市消防安全管理服务平台［D］. 成都：电子科技大学，2014.

［23］马东. 智能消防系统在建筑消防中的应用分析［J］. 消防界（电子版），2020，6（10）：68.

［24］孟小峰，慈祥. 大数据管理：概念、技术与挑战［J］. 计算机研究与发展，2013，50（1）：146-169.

［25］钱媛媛. 基于无线传感网的智慧消防技术与应用［D］. 南京：南京邮电大学，2018.

［26］阮海波. 关于智慧消防建设应用推广的思考［J］. 数字通信世界，2020（10）：202-203.

［27］史蒂芬·卢奇，丹尼·科佩克. 人工智能（第 2 版）［M］. 林赐，译. 北京：人民邮电出版社，2018.

［28］田勇. 楼宇智能消防信息系统的研究与设计［D］. 西安：西安工程大学，2012.

［29］王澄，徐延才，魏庆来，等. 智能小区商业模式及运营策略分析［J］. 电力系统保护与控制，2015，43（6）：147-154.

［30］魏韡，陈玥，刘锋，等. 基于主从博弈的智能小区代理商定价策略及电动汽车充电管理［J］. 电网技术，2015，39（4）：939-945.

［31］邬伦，刘瑜，张晶，等. 地理信息系统：原理、方法和应用［M］. 北京：科学出版社，2001.

［32］武一，田颖. 智能小区电量监测系统的设计［J］. 自动化与仪器仪表，2016（6）：243-245.

［33］谢惠君，邓跃进，蒋京君. 城市消防安全信息化系统［J］. 中国科技信息，2019（1）：73-77.

［34］辛本顺. 一种智慧消防云共性基础平台的建设［J］. 消防技术与产品信息，2017（12）：21-24.

［35］徐江生. 容器云平台的设计与实现［D］. 北京：北京邮电大学，2017.

［36］杨成刚. 基于物联网的消防管理系统的设计与实现［D］. 长春：吉林大学，2015.

［37］杨玉宝. 智慧消防建设现状及发展方向探讨［J］. 消防技术与产品信息，2018，31（10）：47-49.

［38］袁忠良. 容器云计算平台关键技术研究［D］. 南京：南京大学，2017.

［39］张福好. 关于"智慧消防"建设的实践与思考［J］. 中国消防，2017（8）：

40–43.

［40］张健. 面向 5G 网络的高效节能资源分配算法研究［D］. 北京：北京邮电大学，2020.

［41］周志华. 机器学习［M］. 北京：清华大学出版社，2016.

［42］ARUMUGAM R，ENTI V R，BINGBING L，et al. DAvinCi：A cloud computing framework for service robots［C］// 2010 IEEE International Conference on Robotics and Automation，May 3–8，2010，Anchorage，Alaska，USA. New York：IEEE，2010：3084–3089.

［43］ATZORI L，IERA A，MORABITO G. The Internet of things：A survey［J］. Computer Networks，2010，54（15）：2787–2805.

［44］BANDYOPADHYAY D，SEN J. Internet of things：Applications and challenges in technology and standardization［J］. Wireless Personal Communications，2011，58（1）：49–69.

［45］CHENG L，WU C，ZHANG Y，et al. Mobile location estimation scheme in NLOS environment［J］. IEICE Electronics Express，2011，8（21）：1829–1835.

［46］CHU H，WU C，YU X. The network holes repair scheme for wireless sensor network［J］. Sensor Letters. 2016，14（3）：295–299.

［47］CORDEIRO C M，AGRAWAL D P. Ad hoc & sensor networks：theory and applications［M］. Singapore：World Scientific Publishing，2011：409–411.

［48］GUIZZO E. Cloud robotics：Connected to the cloud，robots get smarter［J］. IEEE Spectrum，2011：2014–2025.

［49］LEE M，SHIN S，HONG S，et al. BAIPAS：Distributed deep learning platform with data locality and shuffling［C］// 2017 European Conference on Electrical Engineering and Computer Science（EECS），November 17–19，2017，Bern，Switzerland. New York：IEEE，2017：5–8.

［50］LI Y，JI P，REN W. A hybrid optimisation algorithm for coverage enhancement in 3D directional sensor networks［J］. International Journal of Sensor Networks，2013，14（3）：187–196.

［51］LIM E，AHN S，PARK Y，et al. Distributed deep learning framework based on shared memory for fast deep neural network training［C］// 2018 International Conference on Information and Communication Technology Convergence（ICTC），October 17–19，2018，Jeju，Korea. New York：IEEE，2018：1239–1242.

［52］METIS. Mobile and wireless communications enablers for the 2020 information society.［EB/OL］.［2015–04–30］. https：//www.metis2020.com.

［53］MIORANDI D，SICARI S，PELLEGRINI F D，et al. Internet of things：Vision，applications and research challenges［J］. Ad Hoc Networks，2012，10（7）：1497–1516.

［54］Nature. Big Data［EB/OL］.［2014–08–23］. http：// www.nature.com/ news/ specials/ bigdata / index.htm.

［55］PENG C，QIAN K，WANG C. Design and Application of a VOC-Monitoring System Based on a Zigbee Wireless Sensor Network［J］. IEEE Sensors Journal，2015，15（4）：

2255–2268.

［56］SATYANARAYANAN M. The emergence of edge computing［J］. Computer, 2017, 50（1）: 30–39.

［57］WAN L, HAN G, SHU L, et al. Distributed parameter estimation for mobile wireless sensor network based on cloud computing in battlefield surveillance system［J］. IEEE Access, 2015, 3: 1729–1739.

［58］YU X, JI P, WANG Y, et al. Mean shift–based mobile localization method in mixed LOS/NLOS environments for wireless sensor network［J］. Journal of Sensors, 2017: 1–8.